# Der Europäische Emissionshandel

Constanze Adolf · Marcel Linnemann

# Der Europäische Emissionshandel

Ein Klimainstrument schreibt Industriegeschichte – Überblick, Zusammenhänge & Ausblick

Constanze Adolf  
Berlin, Deutschland

Marcel Linnemann  
Münster, Deutschland

ISBN 978-3-658-46878-1     ISBN 978-3-658-46879-8 (eBook)  
https://doi.org/10.1007/978-3-658-46879-8

Die Deutsche Nationalbibliothek verzeichnet diese Publikation in der Deutschen Nationalbibliografie; detaillierte bibliografische Daten sind im Internet über https://portal.dnb.de abrufbar.

© Der/die Herausgeber bzw. der/die Autor(en), exklusiv lizenziert an Springer Fachmedien Wiesbaden GmbH, ein Teil von Springer Nature 2025

Das Werk einschließlich aller seiner Teile ist urheberrechtlich geschützt. Jede Verwertung, die nicht ausdrücklich vom Urheberrechtsgesetz zugelassen ist, bedarf der vorherigen Zustimmung des Verlags. Das gilt insbesondere für Vervielfältigungen, Bearbeitungen, Übersetzungen, Mikroverfilmungen und die Einspeicherung und Verarbeitung in elektronischen Systemen.
Die Wiedergabe von allgemein beschreibenden Bezeichnungen, Marken, Unternehmensnamen etc. in diesem Werk bedeutet nicht, dass diese frei durch jede Person benutzt werden dürfen. Die Berechtigung zur Benutzung unterliegt, auch ohne gesonderten Hinweis hierzu, den Regeln des Markenrechts. Die Rechte des/der jeweiligen Zeicheninhaber*in sind zu beachten.
Der Verlag, die Autor*innen und die Herausgeber*innen gehen davon aus, dass die Angaben und Informationen in diesem Werk zum Zeitpunkt der Veröffentlichung vollständig und korrekt sind. Weder der Verlag noch die Autor*innen oder die Herausgeber*innen übernehmen, ausdrücklich oder implizit, Gewähr für den Inhalt des Werkes, etwaige Fehler oder Äußerungen. Der Verlag bleibt im Hinblick auf geografische Zuordnungen und Gebietsbezeichnungen in veröffentlichten Karten und Institutionsadressen neutral.

Planung/Lektorat: Daniel Froehlich  
Springer Vieweg ist ein Imprint der eingetragenen Gesellschaft Springer Fachmedien Wiesbaden GmbH und ist ein Teil von Springer Nature.  
Die Anschrift der Gesellschaft ist: Abraham-Lincoln-Str. 46, 65189 Wiesbaden, Germany

Wenn Sie dieses Produkt entsorgen, geben Sie das Papier bitte zum Recycling.

# Vorwort

Der Klimawandel macht weder vor nationalen Grenzen noch vor irgendeinem Wirtschaftssektor halt. Bereits 2005 führten die Mitgliedstaaten der Europäischen Union das erste Emissionshandelssystem der Welt ein. In der nunmehr fast zwei Jahrzehnte umfassenden Geschichte des Europäischen Emissionshandels hat sich das Instrument zu einem zentralen Pfeiler der EU-Klimapolitik entwickelt und setzt weltweit Maßstäbe. Mit dem Europäischen Emissionshandelssystem (EU-ETS) hat die Europäische Union ein marktbasierendes Instrument geschaffen, das sich Schritt für Schritt weiterentwickelt hat. Heute deckt es gut 40 % der Emissionen in den Mitgliedstaaten ab. In den kommenden Jahren werden weitere Sektoren folgen. Die im EU-ETS erfassten Emissionen wurden im Vergleich zu 2005 um 48 % reduziert. Damit trägt das EU-ETS maßgeblich dazu bei, die EU bis 2050 zum ersten klimaneutralen Kontinent zu machen.

Das vorliegende Buch bietet eine umfassende Darstellung der Mechanismen und Entwicklungen dieses bedeutenden Klimainstruments. Es beleuchtet nicht nur die übergeordnete Architektur der $CO_2$-Bepreisung in der EU, sondern geht auch auf die aktuellen und zukünftigen Funktionsweisen und Herausforderungen des EU-Emissionshandels ein. Darüber hinaus wird eine Abgrenzung zu nationalen Instrumenten vorgenommen, um ein tieferes Verständnis der unterschiedlichen Ansätze zu ermöglichen.

Ich lade die Leser:innen ein, sich mit den Inhalten dieses Buches auseinanderzusetzen, die Zusammenhänge zu verstehen und über die Verwendung staatlicher Einnahmen aus dem Emissionshandel zu diskutieren. Nur durch einen offenen und informierten Dialog können wir die notwendigen Schritte unternehmen, um die Klimaziele der Europäischen Union in einer sozial gerechten Art zu erreichen und die Wettbewerbsfähigkeit der europäischen Energiewirtschaft und der Industrie zu stärken.

Genau dafür leistet dieses Buch einen wichtigen Beitrag. In einer klaren, detaillierten und verbindlichen Weise gibt es den Kenner:innen eine klare Standortbestimmung und dem breiteren Publikum einen schnell zugänglichen und gleichermaßen umfassenden Einstieg in das Thema. Damit bietet das Autorenteam eine sachliche Analyse und einen fundierten Einblick in die komplexe Thematik, um einen informierten Diskurs über die Effektivität und die Herausforderungen des Emissionshandels zu ermöglichen.

Jos Delbeke

2010–2018 Generaldirektor der Europäischen Kommission für Klimapolitik

EIB Climate Chair, School of Transnational Governance, European University Institute, Florenz

# Schwerpunkt des Buches

In einer Zeit, in der wir als Menschheit zunehmend mit den Auswirkungen des Klimawandels konfrontiert sind, hat der Handel mit $CO_2$-Zertifikaten als Anreiz zur Dekarbonisierung weiter an Bedeutung gewonnen. Nach 2023, dem heißesten Jahr in der Geschichte seit Beginn der Aufzeichnungen, hat unser Planet im Januar 2024 erstmals die 1,5 °C-Schwelle im 12-Monats-Durchschnitt überschritten. Statt also, wie auf der Pariser Klimakonferenz 2015 von den unterzeichnenden Ländern proklamiert, die Erderwärmung auf deutlich unter 2 °C über dem vorindustriellen Niveau bzw. möglichst auf 1,5 °C zu begrenzen, wird mittlerweile die Frage diskutiert, ob eine Begrenzung von 2 °C überhaupt noch realistisch erscheint.

Damit wird der dringende Bedarf an effektiven Treibhausgas-Minderungsstrategien deutlicher denn je. Das Europäische Emissionshandelssystem (EU-ETS) gilt als zentrales Instrument, um EU-weit die Energiewende und die Dekarbonisierung von ganzen Industriezweigen voranzubringen. Das Grundprinzip lautet: Wer Treibhausgase ausstößt, zahlt. Wer durch Innovation und Investition weniger $CO_2$ emittiert, verdient. Das Ganze ist marktwirtschaftlich organisiert und deckt EU-weit mehr als 15.000 Anlagen in der Energiewirtschaft, bestimmte Industriesektoren sowie ca. 1500 Fluggesellschaften ab [1], die innerhalb der EU fliegen – oder etwa 40 % der gesamten EU-Emissionen. Neuerdings werden auch Emissionen aus dem Seeverkehr erfasst. Schifffahrtsunternehmen sind verpflichtet, ab 2024 40 % und ab 2026 100 % der Zertifikate zu erwerben. Bis Ende 2026 wird die Europäische Kommission schließlich auch prüfen, ob die Emissionen aus der Verbrennung von Siedlungsabfällen ab 2028 in das EU-ETS aufgenommen werden sollen.

Letzteres deutet bereits auf ein wichtiges Merkmal des EU-ETS hin: Es entwickelt sich immer weiter. In mehreren Phasen hat sich dieser weltweit größte – und mittlerweile in über 36 Ländern und Regionen eingeführte [2] – Markt mit Verschmutzungszertifikaten von einem zahnlosen Papiertiger zu einem wirksamen marktwirtschaftlichen Instrument entwickelt. Das Instrument zeigt, dass wirtschaftlicher Erfolg und Dekarbonisierung entkoppelt werden können. Weltweit fallen rund 9,9 Gigatonnen Kohlenstoffdioxid ($CO_2$) – oder anders ausgedrückt: 9,9 Milliarden Tonnen – unter den Emissionshandel. Im Jahr 2023 konnten dadurch 74 Milliarden US-Dollar eingenommen und für klimafreundliche Investitionen eingesetzt werden. [3].

Die Europäische Union (EU) hat im Jahr 2023 eine Überarbeitung ihres Emissionshandelssystems vorgenommen und plant die Einführung neuer Mechanismen, wie z. B. einen zweiten Emissionshandel in den Sektoren Wärme und Verkehr ab 2027/28. Dies wird als ein wichtiger Schritt in Richtung 2050 gewertet, dem Jahr, in dem die EU klimaneutral sein will.

Dieses Buch möchte einen fundierten Einblick in die Mechanismen des Europäischen Emissionshandelssystems bieten. Dabei wird nicht nur die übergeordnete Struktur der $CO_2$-Bepreisung in der EU dargestellt, sondern auch die Funktionsweise des Emissionshandels erläutert. Auf der einen Seite stehen dabei die regulatorischen Rahmenbedingungen des EU-ETS-Marktes und seine schrittweise Weiterentwicklung. Auf der anderen Seite generiert das EU-ETS aber auch beträchtliche Einnahmen, die zur Förderung von Klimaschutzmaßnahmen, zur Berücksichtigung sozialer Belange und zur Förderung $CO_2$-armer bzw. -freier Innovationen eingesetzt werden sollen. Auch diese Rückkopplung in die Wirtschaft und die Gesellschaft wollen wir diskutieren. Schließlich möchten wir eine Einordnung zum Zusammenspiel bzw. zur Abgrenzung zu nationalen Instrumenten vornehmen und einen Ausblick wagen, wie sich das ETS weiterentwickeln wird.

Das Buch richtet sich an ein breites Publikum, darunter Politiker:innen, Entscheidungsträger:innen, Wissenschaftler:innen und Interessierte, die ein Verständnis für die Funktionsweise des Emissionshandelssystems sowie seine Auswirkungen auf die Energiewende und die Industrie in Europa erlangen möchten. Es bietet eine sachliche Analyse und einen schnellen, aber fundierten Einblick in die komplexe Thematik, um einen informierten Diskurs über die Effektivität und die Herausforderungen des Emissionshandels zu ermöglichen.

## Danksagung

Mit diesem Buch haben wir uns auf eine spannende Reise begeben, dessen Leitplanke die Quadratur des Kreises ist. Nicht allein, dass das Europäische Emissionshandelssystem (EU-ETS) in sich komplex ist und eine allgemein verständliche und informative Aufbereitung nicht trivial macht. Auch die Tatsache, dass sich das EU-

ETS ständig weiterentwickelt und wir uns für einen inhaltlichen Schnitt im August 2024 entscheiden mussten, war nicht einfach. Letzteres weist auf die Möglichkeit einer zweiten Auflage hin. Ersteres liegt im Ermessen unser Leser:innen.

Keine Herausforderung, sondern das genaue Gegenteil war die herausragende Zusammenarbeit des Autoren-Teams. Dieses vertrauensvolle Ping-Pong hat uns beide wachsen lassen und die Qualität des Buches durch inspirierende gegenseitige Impulse spürbar bereichert.

Ohne die Unterstützung zahlreicher weiterer wunderbarer Menschen wäre dieses Buch allerdings nicht zustande gekommen: Ein herzliches Dankeschön an das Team beim Springer-Verlag. Im Besonderen danken wir unserem Lektor Dr. Daniel Fröhlich und Dr. Barbara Haider als großartige Projektmanagerin für die unermüdliche und konstruktive Unterstützung. Die ständige Ansprechbarkeit, der kreative Gestaltungswille und das Engagement, sich auf ein Manuskript einzulassen, bei dem lange nicht klar war, wie das Ergebnis aussehen würde, war unschätzbar wertvoll.

Ebenso möchten wir der Stiftung Umweltenergierecht, dem Thünen-Institut und Jos Delbeke und all den anderen Ratgeber:innen danken, die uns Zugang zu wertvollen Ressourcen ermöglicht haben und die uns in jeglicher Hinsicht bereichernd unterstützt haben.

Last but not least einen Riesendank an unsere Liebsten, die uns so manches Mal aus unserem „ETS-Tunnel" geholt haben, geduldig zugehört oder durch Fragen bereichert haben. Ohne Eure Unterstützung, Geduld und Neugier wäre dies alles undenkbar gewesen.

Berlin und Münster im Oktober 2024

## Literatur

Europäische Umweltagentur (2024). EU Emissions Trading System (ETS) data viewer. Abgerufen am 01.08.2024 von https://www.eea.europa.eu/data-and-maps/dashboards/emissions-trading-viewer-1

International Carbon Action Partnership (2024). Emissions Trading Worldwide. 2024 Status Report. Abgerufen am 01.07.2024 von https://icapcarbonaction.com/system/files/document/240522_report_final.pdf

International Carbon Action Partnership (2024). Emissions Trading Worldwide. 2024 Status Report. Abgerufen am 01.07.2024 von https://icapcarbonaction.com/system/files/document/240522_report_final.pdf

# Competing Interests

Die Autor*innen haben keine für den Inhalt dieses Manuskripts relevanten Interessenkonflikte.

# Inhaltsverzeichnis

1 **Die Architektur der $CO_2$-Bepreisung in der EU** .................. 1
  1.1 Das EU-ETS für Industrieemissionen und
      Energieerzeugungsanlagen ............................... 5
  1.2 $CO_2$-Bepreisungsinstrumente neben dem EU-ETS .............. 7
      1.2.1 Die Lastenverteilungsverordnung – Nationale
            Emissionsreduktionsziele in Sektoren außerhalb
            des EU-ETS ..................................... 7
      1.2.2 LULUCF – Natürlicher Klimaschutz und der Beitrag
            von intakten Ökosystemen für unser Netto-Null-Ziel ...... 11
      1.2.3 Die EU-Energiesteuerrichtlinie ...................... 15
  Literatur ................................................. 17

2 **Das EU-ETS I – Dekarbonisierung in Schritten** ................... 21
  2.1 Hintergrund zur Einführung des EU-ETS 2005 ................. 21
  2.2 Der Geltungsbereich des EU-ETS .......................... 23
  2.3 Adressatenkreis ........................................ 23
  2.4 Die Phasen des EU-ETS .................................. 25
  2.5 Der EU-Green Deal: höheres Ambitionsniveau und Ausweitung
      auf weitere Sektoren .................................... 30
  2.6 Bestimmung Zertifikatsmenge ............................. 33
  2.7 Kostenlose Zertifikatsvergabe. ............................. 34
  2.8 Auktionsbasierte Zertifikatsvergabe ........................ 38
  2.9 Das Unionsregister und die Deutsche Emissionshandelsstelle ...... 39
  2.10 Marktstabilitätsreserve im EU-ETS I – der Korrekturmechanismus ... 40
  2.11 Zwischenfazit und Realitätscheck: Hält das EU-ETS I was es
       verspricht? ........................................... 43
  Literatur ................................................. 46

## 3 Mittelverwendung: Der Innovations- & Modernisierungsfonds ...... 53
Literatur ...... 57

## 4 Das EU-ETS II – Verkehr, Gebäude und Gewerbe ...... 61
4.1 Historie ...... 61
4.2 Cap-and-Trade-Ansatz ...... 62
4.3 Adressatenkreis: Upstream-Prinzip ...... 63
4.4 Bestimmung der Zertifikatsmenge ...... 63
4.5 Zertifikatsvergabe ...... 64
4.6 Marktstabilitätsreserve im EU-ETS II als Mengensteuerung ...... 65
4.7 Verknüpfung mit bestehenden (nationalen) Handelssystemen ...... 66
4.8 Mittelverwendung ...... 67
Literatur ...... 68

## 5 Mittelverwendung: Der Klima-Sozialfonds ...... 73
5.1 Hintergrund und Zweck ...... 73
5.2 Belastung Haushalte (Bsp. EU-ETS II) ...... 75
5.3 Mittelverwendung ...... 76
Literatur ...... 79

## 6 $CO_2$-Grenzausgleichsmechanismus (CBAM) – die internationale Wettbewerbsfähigkeit sichern ...... 81
6.1 Hintergrund und Zweck des Ausgleichsmechanismus ...... 81
6.2 Funktionsweise ...... 83
6.3 Mittelverwendung ...... 85
Literatur ...... 85

## 7 Die $CO_2$-Bepreisung in Deutschland und der Übergang zum Nationalen Emissionshandel und zum ETS II ...... 89
7.1 Hintergrund und Zweck ...... 89
7.2 Funktionsprinzip ...... 89
7.3 Adressatenkreis ...... 91
7.4 Mittelverwendung ...... 92
7.5 Übergang von nationalem Emissionshandel in den EU-ETS II ab 2027 oder später ...... 93
Literatur ...... 93

## 8 Ausblick & Fazit: 2038 ist morgen! ...... 95
Literatur ...... 99

# Abbildungsverzeichnis

Abb. 1.1 Umweltkosten durch Treibhausgase und Luftschadstoffe für Strom-, Wärmeerzeugung und Straßenverkehr (* basierend auf der Kaufkraft 2023). (Quelle: Umweltbundesamt (2024) [2], CC BY 4.0 – Creative Commons Lizenz). . . . . . . . . . . . . . . . . . . . 2

Abb. 1.2 Überblick über die Architektur der $CO_2$-Bepreisung in der EU. (Quelle: Stiftung Umweltenergierecht (2024) [4], CC BY 4.0 – Creative Commons Lizenz). . . . . . . . . . . . . . . . . . . . 5

Abb. 1.3 Das EU-ETS I und seine klimapolitische Bedeutung. (Quelle: Eigene Darstellung) . . . . . . . . . . . . . . . . . . . . . . . . . . . 6

Abb. 1.4 Sektoren, die unter die Lastenverteilungsverordnung fallen. (Quelle: Rat der Europäischen Union (2022) [12], CC BY 4.0 – Creative Commons Lizenz). . . . . . . . . . . . . . . . . . . . 8

Abb. 1.5 Erhöhung der Emissionsreduktionsziele LVV bis 2030 pro Mitgliedstaat (in %) im Rahmen des Fit-for-55-Pakets. (Quelle: Verordnung (EU) 2023/857 (2023) [13], CC BY 4.0 – Creative Commons Lizenz). . . . . . . . . . . . . . . . . . . . 9

Abb. 1.6 Überblick über den LULUCF-Sektor mit Emissionsquellen und Senken in der EU für das Jahr 2019 in Mio. t. CO2-Äquivalent. (Quelle: Europäischer Rat (2023) [21], CC BY 4.0 – Creative Commons Lizenz) . . . . . . . . . . . . . . . . . . . . . . . . . . . . 13

Abb. 1.7 Deutsche Klimaschutzziele und aktuelle LULUCF-Emissionsentwicklung. (Quelle: Thünen-Institut (2024) [26], CC BY 4.0 – Creative Commons Lizenz). . . . . . . . . . . . . . . . . . . . 14

Abb. 2.1　Anzahl der emissionshandelspflichtigen Anlagen in Deutschland nach Branchen im Jahr 2023. (Quelle: Deutsche Emissionshandelsstelle (2024) [9], CC BY 4.0 – Creative Commons Lizenz).................... 24

Abb. 2.2　Anteile der einzelnen Branchen an den Emissionen des Industriesektors im Jahr 2022 sowie absolute Emissionen nach Berechnungen des UBA. (Quelle: Deutsche Emissionshandelsstelle (2024) [12], CC BY 4.0 – Creative Commons Lizenz)...................................... 25

Abb. 2.3　Referenzrahmen des EU-Klimaziels und der Emissionsminderung im EU-ETS I. (Quelle: Deutsche Emissionshandelsstelle (2024) [28], CC BY 4.0 – Creative Commons Lizenz)...................................... 30

Abb. 2.4　Historische Emissionen und Emissionspfade EU-ETS I, stationäre Anlagen 2005–2030. (Quelle: Europäische Umweltagentur (2024) [33], CC BY 4.0 – Creative Commons Lizenz)...................................... 31

Abb. 2.5　Anteil der kostenlosen Zertifikate in den einzelnen Sektoren und Phasen. (Quelle: Europäischer Rechnungshof (2020) auf der Grundlage der Rechtsvorschriften zum EU-ETS [47], CC BY 4.0 – Creative Commons Lizenz) ........................................... 37

Abb. 2.6　Entwicklung der Menge an kostenlosen Zertifikaten im EU-ETS I von 2013 bis 2022. (Quelle: Europäische Umweltagentur (2023) [52], CC BY 4.0 – Creative Commons Lizenz)...................................... 38

Abb. 2.7　Funktionsprinzip der Marktstabilitätsreserve im EU ETS I. (Quelle: Eigene Darstellung) ............................. 42

Abb. 2.8　Überblick über die Zusammenhänge des EU ETS I. (Quelle: Stiftung Umweltenergierecht (2024) [65], CC BY 4.0 – Creative Commons Lizenz).................... 42

Abb. 2.9　EU-weite Emissionsreduktion im EU-ETS I Sektor (nur stationäre Anlagen, ohne Flugverkehr) zwischen 2005 und 2023. 2023: Schätzwerte. (Quelle: Europäische Umweltagentur (2024) [68], CC BY 4.0 – Creative Commons Lizenz)...................................... 43

Abbildungsverzeichnis XVII

Abb. 2.10  Emissionsreduktion in Deutschland im EU-ETS I Sektor (nur stationäre Anlagen, ohne Flugverkehr) zwischen 2005 und 2023. 2023: Schätzwerte. (Quelle: Europäische Umweltagentur (2024) [69], CC BY 4.0 – Creative Commons Lizenz)..................................... 44

Abb. 2.11  Preisentwicklung von EU-ETS Zertifikaten zwischen 2005 und 2024. (Quelle: Nissen, C.; Gores, S.; Healy, S.; Hermann, H. ). Trends and projections in the EU ETS in 2023. The EU Emissions Trading System in numbers (2023) [71], CC BY 4.0 – Creative Commons Lizenz)..................... 45

Abb. 3.1  Verwendung der Einnahmen aus dem EU ETS I gemäß Art. 10 Abs. 3 ETS-RL. (Quelle: Stiftung Umweltenergierecht (2023) [12], CC BY 4.0 – Creative Commons Lizenz) ................ 56

Abb. 3.2  Verteilung der Zertifikate im EU ETS I und deren Mittelverwendung. (Quelle Stiftung Umweltenergierecht (2023) [14], CC BY 4.0 – Creative Commons Lizenz) ................ 57

Abb. 4.1  Die $CO_2$-Bepreisungsarchitektur mit dem EU-ETS II. (Quelle: Stiftung Umweltenergierecht (2024) [3], CC BY 4.0 – Creative Commons Lizenz)..................... 62

Abb. 4.2  Übersicht des Funktionsprinzip des EU ETS II. (Quelle: Stiftung Umweltenergierecht (2024) [17], CC BY 4.0 – Creative Commons Lizenz)..................... 66

Abb. 4.3  Verteilung der Zertifikate im EU ETS II und deren Mittelverwendung. (Quelle: Stiftung Umweltenergierecht (2023) [23], CC BY 4.0 – Creative Commons Lizenz) ................ 68

Abb. 5.1  Zusammenspiel der EHS-Einnahmen und Klima-Sozialfonds (KSF). (Quelle: Stiftung Umweltenergierecht (2023) [14], CC BY 4.0 – Creative Commons Lizenz)..................... 77

Abb. 5.2  Vorgaben für die Verwendung der KSF-Mittel. (Quelle: Stiftung Umweltenergierecht (2023) [17], CC BY 4.0 – Creative Commons Lizenz)............................. 77

Abb. 6.1  Funktionsprinzip des CBAM. (Quelle: Umweltbundesamt auf Grundlage der eigenen Darstellung des Öko-Instituts auf Basis des CBAM-Vorschlags der Kommission vom 14. Juli 2021 (2021) [8], CC BY 4.0 – Creative Commons Lizenz) ........... 84

Abb. 7.1 Regelungskonzepte des nationalen Emissionshandels. (Quelle: DEHSt (2024) [12], CC BY 4.0 – Creative Commons Lizenz)................................... 92

Abb. 8.1 Stand und Ausblick zum Erreichen der Gesamt-Klimaziele der EU-27. (Quelle: Europäische Umweltagentur (2023) [6], CC BY 4.0 – Creative Commons Lizenz).................... 97

# Tabellenverzeichnis

Tab. 3.1 Aufteilung der Einnahmen aus dem Modernisierungsfonds bis 31.12.2030 gemäß der Richtlinie (EU) 2023/959, Artikel 10 Abs. 1, Unterabsatz 3 [8] . . . . . . . . . . . . . . . . . . . . . . . . 55

Tab. 3.2 Aufteilung der Mittel aus der Versteigerung aus dem Modernisierungsfonds gemäß der Richtlinie (EU) 2023/959, Artikel 10 Abs. 1, Unterabsatz 4 [9] . . . . . . . . . . . . . . . . . . . . . . . . 55

Tab. 5.1 $CO_2$-Kosten für vulnerable Haushalte in Bezug auf $CO_2$-Bepreisung von Wärme (2,3 Mio. Haushalte). (Quelle: Umweltbundesamt (2022) [9], CC BY 4.0 – Creative Commons Lizenz). . . . . . . . . . . . . . . . . . . . . . . . . . . . . . . . 75

Tab. 5.2 $CO_2$-Kosten für vulnerable Haushalte in Bezug auf $CO_2$-Bepreisung von Mobilität (700.000 Haushalte). (Quelle: Umweltbundesamt (2022) [11], CC BY 4.0 – Creative Commons Lizenz). . . . . . . . . . . . . . . . . . . . . . . . . . . . . . . . 76

Tab. 5.3 Mittelaufbau im Klima-Sozialfond (KSF). (Quellen: Stiftung Umweltenergierecht (2023) [20], CC BY 4.0 – Creative Commons Lizenz und EUR-Lex (2023) [21]) . . . . . . . . . . 78

# Die Architektur der $CO_2$-Bepreisung in der EU 1

*„Climate change is a result of the greatest market failure that the world has seen."*

Sir Nicolas Stern

Wir laden Sie und Euch ein, sich mit uns zurück in das Jahr 2005 zu beamen. In das Jahr also, in dem das Europäische Emissionshandelssystem (EU-ETS) eingeführt wurde. Es ist das Jahr, in dem auch das Kyoto-Protokoll [1] in Kraft tritt. In diesem Vertrag hat die internationale Staatengemeinschaft erstmals eine absolute Begrenzung der Treibhausgasemissionen völkerrechtlich bindend verankert. Die Europäische Union (EU) hat sich in diesem Rahmen zum Ziel gesetzt, ihre Emissionen zwischen 2008 und 2012 um 8 % gegenüber dem Niveau von 1990 zu senken. Dieses Gesamtziel wurde im EU-internen Lastenteilungsverfahren festgeschrieben. Mehr dazu später. Deutschland hat sich innerhalb dieses Mechanismus verpflichtet, insgesamt 21 % weniger Treibhausgase auszustoßen. Damit war der Grundstein gelegt, um einen ganzen Instrumentenbaukasten für eine umfassende $CO_2$-Bepreisung zu entwickeln.

Die Motivation für die Entwicklung von verschiedenen $CO_2$-Bepreisungsinstrumenten liegt darin begründet, dass bereits um die Jahrtausendwende klar wurde, dass der Einsatz fossiler Brennstoffe und klimaschädliche Produktionsprozesse mit dem Anstieg der globalen Durchschnittstemperaturen und zunehmenden Extremwetterereignissen sowie immer höher werdenden Gesundheitskosten verbunden sind. Diese Kosten, die nicht den Verursachern zugeordnet werden, sondern durch Gesundheits- und Steuersysteme oder Versicherungspolicen

© Der/die Autor(en), exklusiv lizenziert an Springer Fachmedien Wiesbaden GmbH, ein Teil von Springer Nature 2025
C. Adolf, M. Linnemann, *Der Europäische Emissionshandel*,
https://doi.org/10.1007/978-3-658-46879-8_1

gegenfinanziert werden müssen, werden in der Volkswirtschaftslehre als sog. Marktversagen bezeichnet. Bei einem Marktversagen senden die Preise am Markt falsche Signale über die Knappheit der Güter oder aber es existiert kein Markt für ein Gut. Eine Wirtschaftsweise beispielsweise, die durch Produktionsprozesse oder bei der Energieerzeugung Treibhausgase freisetzt, verursacht ein Marktversagen, solange die dabei entstehenden Kosten für z. B. Hochwasserschutz, Dürreausfälle, Waldbrandverluste oder Gesundheitskosten usw. nicht mit in die Produkte eingepreist werden, sondern diese sog. externen Kosten der Gesellschaft bzw. dem Steuerzahler angelastet werden. Externe Kosten verursachen also erheblichen Kosten für die Gesellschaft, ohne dem Verursacher in Rechnung gestellt zu werden. Die Abb. 1.1 gibt einen Eindruck von einem Teil dieser treibhausgasbedingten Umweltkosten und Luftschadstoffe für die Sektoren Strom- und Wärmeerzeugung und den Straßenverkehr, die Industrie ist noch nicht dazugezählt.

Um dieses Marktversagen zu adressieren, gibt es unterschiedliche politische Maßnahmen, die man grob unterteilt als „ordnungspolitisch" und „liberal-wirtschaftspolitisch" motiviert unterscheiden kann. Vereinfacht ausgedrückt gibt ein ordnungspolitischer Rahmen klare „Spielregeln" vor, innerhalb deren sich die Akteure bewegen können und dürfen. Dies schließt klare Grenzwertregeln und Verbote ein, die z. B. durch Strafzahlungen sanktioniert werden. Aus klimapolitischer Sicht könnten so bestimmte Inhaltsstoffe in Produkten verboten werden, wie z. B. das schrittweise Verbot von Fluorchlorkohlenwasserstoffe – kurz „FCKW".

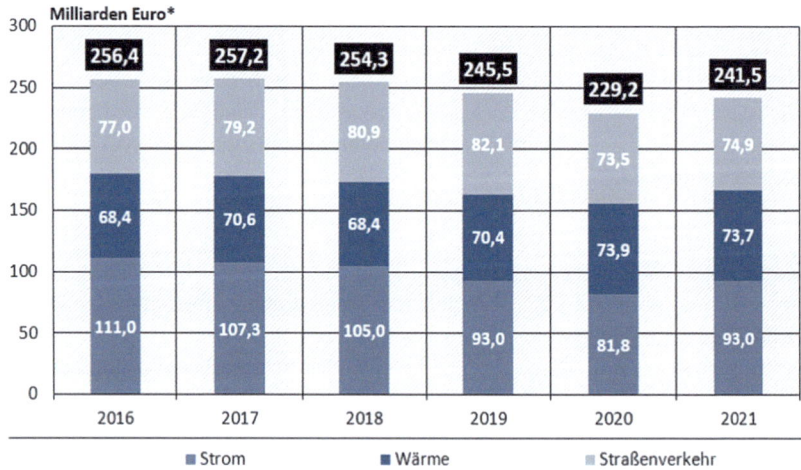

**Abb. 1.1** Umweltkosten durch Treibhausgase und Luftschadstoffe für Strom-, Wärmeerzeugung und Straßenverkehr (* basierend auf der Kaufkraft 2023). (Quelle: Umweltbundesamt (2024) [2], CC BY 4.0 – Creative Commons Lizenz)

# 1 Die Architektur der $CO_2$-Bepreisung in der EU

Bereits am Ende des 20. Jahrhunderts stellte sich heraus, dass die Freisetzung von FCKW in die Atmosphäre in erheblichem Maße für das Ozonloch verantwortlich ist und damit für die Erhitzung der Atmosphäre und eine erhöhte Hautkrebsverbreitung sorgt. Mehrere internationale Abkommen und EU- wie auch nationale Regelungen haben zum Verbot von FCKW geführt, mit dem Effekt, dass sich die Ozonschicht sichtbar erholt und ein hoher Innovationsschub dafür sorgte, das FCKW durch andere Produkte zu ersetzen.

Ein eher liberal-wirtschaftspolitischer Ansatz hingegen sieht den Markt als den zentralen Akteur, der über die Preise Angebot und Nachfrage ausbalanciert und dafür sog. Marktwirtschaftliche Instrumente nutzt. Es geht bei beiden Ansätzen um die Rolle und Gestaltungsmacht des Staates und des Marktes. Oder anders gesagt, um klare Regeln oder freies Spiel und Ermessen der Märkte, unter der Voraussetzung, dass letztere vollumfänglich funktionieren und die korrekten Preissignale senden.

Beide Ansätze haben also unterschiedliche Mechanismen, um externe Kosten zu adressieren. Beide erkennen an, dass hohe externe Kosten zu ineffizienten wirtschaftlichen Prozessen führen, wenn der Markt nicht mit den Umwelt- und Klimazielen übereinstimmt, was die grüne Wirtschaftstransformation verlangsamt und ihre Gesamtkosten erhöht. Werden also externe Kosten nicht eingepreist oder „internalisiert", so bestehen keine angemessenen wirtschaftlichen Anreize, die Klima- und Umweltbelastung einzugrenzen. Preise sagen also nicht immer die ökonomische „Wahrheit". Eine nicht abgestimmte Finanzpolitik führt demnach zu fehlgeleiteten Preissignalen, die klimaschädliches Handeln, ineffiziente Ressourcennutzung und die Erosion des Naturkapitals begünstigen. Wenn diese falschen Preissignale nicht korrigiert werden, wirken die Marktkräfte dahin, die Wirtschaft auf einem nichtnachhaltigen und ineffizienten Wachstumspfad zu halten, was wettbewerbsschädlich wirken kann und der Skalierung von klima- und umweltfreundlichen Techniken und Produkten entgegenwirken kann. Dieser Zusammenhang schlägt die Brücke zwischen Klimaschutz, Wirtschaft, Wettbewerbsfähigkeit und Finanzpolitik und hat zur Entwicklung der oben erläuterten Marktwirtschaftlichen Instrumente als Steuerungsmechanismus geführt.

Im Vorfeld der Einführung des EU-Emissionshandelssystems (EU-ETS) stand eine lange Debatte zwischen Befürwortern einer EU-weiten $CO_2$-Steuer auf der einen Seite und eines EU-Emissionshandels auf der anderen Seite. Gemeinsam ist beiden Instrumenten, dass sie marktwirtschaftlich, also über den Preismechanismus funktionieren und so externe Kosten adressieren. Sie werden den Verursachern zugerechnet, die für die von ihnen verursachten gesellschaftlichen Kosten aufkommen müssen oder sich durch ihr Verhalten, z. B. den Kauf und Gebrauch von klimafreundlichen Produkten und Anlagen entziehen können. Das Ziel ist, dass die

Preise die wirklichen Kosten widerspiegeln, die sie verursachen. Dadurch werden die Verursacher angereizt, Klima- und Umweltschäden zu vermeiden, bzw. Verantwortung für umwelt- und klimaschädliche Praktiken zu übernehmen, indem sie in klimafreundliche Innovationen investieren. Auf der anderen Seite stehen Einnahmen durch die $CO_2$-Bepreisung, die dazu genutzt werden können, genau diese Investitionen mit anzureizen und zu fördern, bzw. diejenigen finanziell zu unterstützen, die erhebliche finanzielle Einbußen haben, da sie sich der $CO_2$-Bepreisung nicht entziehen können.

$CO_2$-Steuern sind ein Preisinstrument, das sich durch einen klar planbaren Preis auszeichnet, der sich aufgrund staatlicher Festlegung des Steuersatzes z. B. für eine Tonne $CO_2$ ergibt. Der Emissionshandel ist ein Mengeninstrument, in dem nicht der Preis, sondern die Menge an $CO_2$ festgelegt wird, die ausgestoßen werden darf. Der Preis entsteht hier über den Ausgleich von Angebot und Nachfrage auf dem Markt.

Die EU hat sich also gegen die Einführung einer EU-weiten $CO_2$-Steuer ausgesprochen. Dabei wäre ein Steuersatz politisch festgelegt worden, der dann sukzessive in vorher bekannten Intervallen angehoben würde. Deutschland hat diesen Mechanismus bis 2026 als Grundlage für sein $CO_2$-Preissystem innerhalb des Brennstoffemissionshandelsgesetz eingeführt: Seit 2021 wird der $CO_2$-Preis für bestimmte Güter wie Öl, Kohle Erdgas oder auch Abfallstoffe klar vorhersehbar jedes Jahr angehoben. Da in der EU als Entscheidungsmechanismus in Steuerangelegenheiten jedoch das sog. Einstimmigkeitsprinzip im Rat der EU gilt und die Akzeptanz von neuen Steuern bei Wirtschaftsakteuren gegen Null geht, war schnell klar, dass es sehr schwierig würde, eine gemeinsame Steuer einzuführen. Denn damit hätten alle Mitgliedstaaten ausnahmslos zustimmen müssen, was als eher unwahrscheinlich gilt. Daher – und auch, weil viele Wirtschaftsakteure sich klar gegen eine Steuer und für einen Marktmechanismus ausgesprochen haben – entschied man sich also für die Einführung eines Emissionshandels.

Was man als derzeitiges Fazit festhalten kann, ist, dass heute weltweit mehr als 70 $CO_2$-Bepreisungssysteme eingeführt sind, sowohl über $CO_2$-Steuern als auch über Emissionshandelssysteme. Eine erste große KI-gestützte Metastudie hat erstmals 2024 gezeigt, dass $CO_2$-Bepreisungsinstrumente einen klaren positiven Klimaschutzbeitrag leisten: Zwischen 5 % und 21 % Emissionsrückgang konnten die Forscher als empirisch gemessenen Effekt in den ersten Jahren nach dem Start von Systemen zur $CO_2$-Bepreisung nachweisen [3].

Neben den beiden Emissionshandelssystemen EU-ETS I und II sowie dem $CO_2$-Grenzausgleichsmechanismus, über die wir noch ausführlich sprechen werden, nutzt die EU weitere Instrumente, um auch in den Sektoren ein Preissignal zu setzen, die nicht unter die Emissionshandelssysteme fallen. Hierzu zählen die Lastenverteilungsverordnung und verschiedene Formen der Landnutzung, des

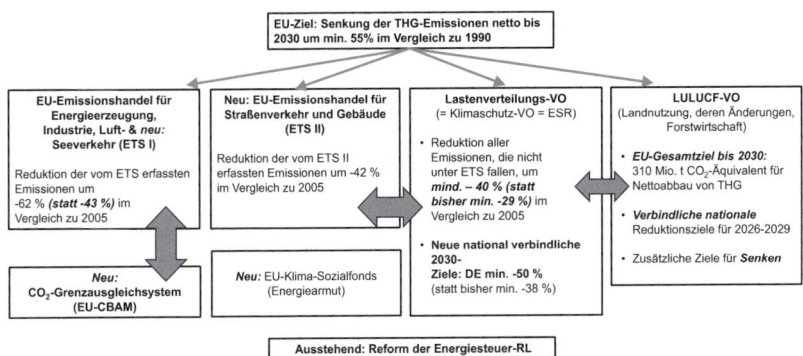

**Abb. 1.2** Überblick über die Architektur der $CO_2$-Bepreisung in der EU. (Quelle: Stiftung Umweltenergierecht (2024) [4], CC BY 4.0 – Creative Commons Lizenz)

Ökosystemmanagements sowie die Waldwirtschaft – im Fachjargon „land use, land use change, and forestry" – kurz „LULUCF" genannt, auf welche im Folgenden eingegangen werden soll. Schließlich gibt es noch die EU-Energiesteuerrichtlinie, die EU-weite Mindeststeuersätze für Energieerzeugnisse, wie z. B. Erdgas, Rohöle oder Strom festlegt, sofern sie als Heiz- oder Kraftstoff verwendet werden. Die Abb. 1.2 zeigt den Zusammenhang dieses Instrumentenmixes auf. Diese Sektoren zusammen decken den Großteil aller EU-Emissionen ab und daher möchten wir sie im Folgenden kurz erläutern, um die Bedeutung des EU-ETS in einen Gesamtkontext einzubetten.

## 1.1 Das EU-ETS für Industrieemissionen und Energieerzeugungsanlagen

Was verbirgt sich nun aber hinter dem EU-Emissionshandelssystem? Im Rahmen des Europäischen Klimagesetzes verpflichten sich die EU-Mitgliedstaaten, gemeinsam die Klimaneutralität bis 2050 zu erreichen [5], mit dem Zwischenziel, die Nettoemissionen bis 2030, um mindestens 55 % im Vergleich zu den Werten von 1990, zu senken. Das EU-ETS, das mittlerweile das Herzstück der europäischen Klimapolitik ist, leistet in diesem Zusammenhang einen wichtigen Beitrag. Der Anteil, den das EU-ETS zu der Treibhausgasminderung bis 2030 gegenüber dem Niveau von 2005 leisten soll, liegt bei 62 %. Bereits 2024 hat das EU-ETS- eine Reduktion der regulierten Emissionen um 48 % erreicht [6].

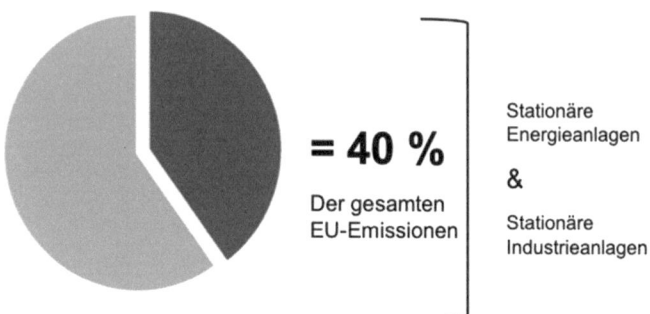

**Abb. 1.3** Das EU-ETS I und seine klimapolitische Bedeutung. (Quelle: Eigene Darstellung)

Das EU-ETS deckt EU-weit Emissionen von etwa 15.000 Anlagen in den Sektoren Energie und Industrie sowie von etwa 1500 Fluggesellschaften ab, die innerhalb der EU und in die Schweiz und das Vereinigte Königreich fliegen, und deckt etwa 40 % der gesamten Emissionen der EU ab (s. Abb. 1.3). Das EU-ETS verlangt von den Unternehmen, die vom ETS erfasst werden, dass sie für jede Tonne $CO_2$-Äquivalent, die sie emittieren, eine Emissionsberechtigung erwerben. „$CO_2$-Äquivalente" deshalb, weil mehrere Treibhausgase, wie z. B. Methan oder Lachgas, durch das ETS erfasst werden. Um aber nicht für jedes Treibhausgas einen eigenen Preis auszuhandeln, werden die auf $CO_2$ als „Leitwährung" umgerechnet. Wenn wir also im Folgenden von „$CO_2$" schreiben, meinen wir streng genommen „$CO_2$-Äquivalente".

Als Mechanismus nutzt das EU-ETS einen sog. Cap-and-Trade-Ansatz, bei dem die gesamten Emissionen begrenzt werden (Cap). Wie oben beschrieben, wird hier nicht wie bei einer $CO_2$-Steuer der Preis pro Tonne $CO_2$ festgelegt, sondern es wird die jährliche Menge an auszugebenden Zertifikaten verknappt, was bei gleicher Nachfrage zu höheren Preisen führt. Diese Verknappung des jährlichen Emissionslimits wird auch als „Linearer Reduktionsfaktor" (LRF) bezeichnet. Die Emissionsobergrenze (Cap) sinkt dabei jährlich um einen konstanten Wert. Dieser liegt im Jahr 2024 bei 4,3 % des Basiswerts von 2010. Ab 2028 steigt der LRF auf 4,4 % an. Anders ausgedrückt werden von 2024–2027 jeweils 84 Mio. Zertifikate jährlich weniger in den Markt gebracht. Ab 2028 werden es 86 Mio. Zertifikate jährlich sein.

Unternehmen können Berechtigungen untereinander handeln (Trade). Dies beschribt das zweite wichtige Charakteristikum des Emissionshandels. Effizientere Unternehmen, die $CO_2$ einsparen z. B. durch Investitionen in effizientere Anlagen, können überschüssige Berechtigungen an diejenigen verkaufen, die mehr oder gleich viel Emissionen ausgestoßen haben. Außerdem erhalten einige Unternehmen kostenlose Berechtigungen auf der Grundlage von Effizienz-Benchmarks, wodurch die effizientesten Anlagen belohnt werden.

## 1.2 CO$_2$-Bepreisungsinstrumente neben dem EU-ETS

### 1.2.1 Die Lastenverteilungsverordnung – Nationale Emissionsreduktionsziele in Sektoren außerhalb des EU-ETS

Noch bevor das EU-ETS in Kraft trat, haben die EU-Mitglieder 2004 die sog. Lastenteilungsverordnung (LVV) verabschiedet. Die Autor:innen denken übrigens, dass es einmal mehr bezeichnend für Deutschland ist, dieses Gesetz mit dem Begriff „Lastenverteilungsverordnung" zu übersetzen. Die zugrunde liegende EU-Richtlinie heißt nämlich „Effort-Sharing Regulation", was man viel positiver mit „Arbeitsteilung" oder „Aufgabenteilung" übersetzen könnte, bedeutet dieses Gesetz doch, zusammen an einem gemeinsamen Ziel zu arbeiten, nämlich der gemeinsamen, geteilten und verbindlichen Reduktion von Treibhausgasemissionen über die EU-Ländergrenzen hinweg. Das gemeinsame Ziel lautet, EU-weit bis 2030 mindestens 30 % an Treibhausgasemissionen im Vergleich zu 2005 einzusparen.

Wie bereits eingangs bemerkt, ist die Lastenverteilungsverordnung (LVV) im Zusammenhang mit der Umsetzung des Kyoto-Protokolls [7] entstanden und hat sich seitdem weiterentwickelt. Dieses CO$_2$-Minderungsinstrument leistet heute einen entscheidenden Beitrag im Hinblick auf die Verpflichtungen des Pariser Klimaabkommens [8] und innerhalb des EU-Klimagesetzes [9]. Ziel war es bereits 2004, alle Sektoren unter die LVV zu bringen, die nicht unter das EU-ETS fallen. Dazu zählen beispielsweise die Sektoren Gebäude, Verkehr, Landwirtschaft, Abfall oder kleine Industriebetriebe. Diese Sektoren sind für fast 60 % der Gesamtemissionen der EU verantwortlich [10]. Ja, Sie haben es sicher schon erkannt, hier finden sich die Sektoren wieder, die die Bundesrepublik Deutschland in den letzten Jahren im Rahmen ihres eigenen Klimaschutzgesetztes vor große Herausforderungen stellen, da sie die jeweils nationalen Ziele immer um Längen gerissen haben, nämlich der Bereich Gebäude und Verkehr. Und während die Bundesregierung zurzeit dabei ist, die nationalen Sektorziele abzuschaffen, wird sie über die Entwicklungen innerhalb der Sektoren dennoch im Rahmen der EU-Lastenverteilungsverordnung weiterhin berichten müssen. Aber auch dies nicht mehr lange,

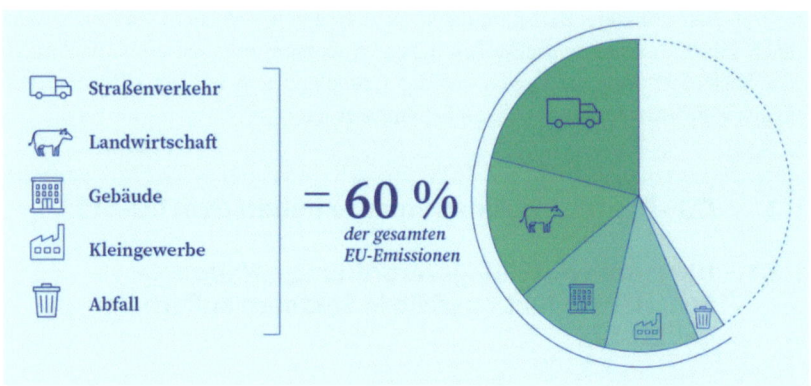

**Abb. 1.4** Sektoren, die unter die Lastenverteilungsverordnung fallen. (Quelle: Rat der Europäischen Union (2022) [12], CC BY 4.0 – Creative Commons Lizenz)

denn ab 2027 oder 2028 sollen die beiden „$CO_2$-Sorgenkinder" Gebäude und Verkehr zusammen mit dem Kleingewerbe in das neu einzuführende EU-ETS II überführt werden. Dies wird uns in Kap. 5 beschäftigen.

Aber eins nach dem anderen! Stand heute, also 2024, regelt die LVV [11], die in Abb. 1.4 aufgeführten Sektoren. Zusammen sollen diese bis 2030 eine Gesamtreduktion der Emissionen um 40 % erreichen:

Die Bedeutung der LVV wird im Kontext des EU-ETS I klar: Während unter der LVV gut 60 % der Gesamtemissionen der EU geregelt werden, sind es beim EU-ETS I 40 %.

Die LVV setzt den Rahmen, welchen jeweiligen Beitrag die EU-Mitgliedstaaten zum Erreichen der EU-weiten Klimaziele leisten sollen und können. Im Gegensatz zum EU-ETS, in dem für alle teilnehmenden Länder ein einheitlicher Preis pro $CO_2$-Zertifikat gilt und bei dem durch das CAP EU-weit die jährliche Reduktionsmenge der Zertifikate festgelegt wird, gestalten sich die Beiträge unter der LVV zwischen Ländern, Sektoren oder Akteuren ganz individuell. Das Ziel der Lastenverteilungsverordnung besteht darin, eine faire bzw. solidarische Verteilung der Reduktionsverpflichtungen und zwischen den EU-Mitgliedstaaten zu gewährleisten. Dafür erhalten die Mitgliedstaaten jeweils individuelle verbindliche nationale Emissionsziele in den jeweiligen Sektoren für jedes Jahr und für 2030. Warum „solidarisch"? Reichere Staaten haben höhere Ziele als ärmere. Deutschland zum Beispiel soll im Rahmen der im Fit-for-55-Pakets beschlossenen Verschärfung der LVV aus dem November 2022–2030 im Vergleich zu 2005 um 50 %, Bulgarien um

## 1.2 CO$_2$-Bepreisungsinstrumente neben dem EU-ETS

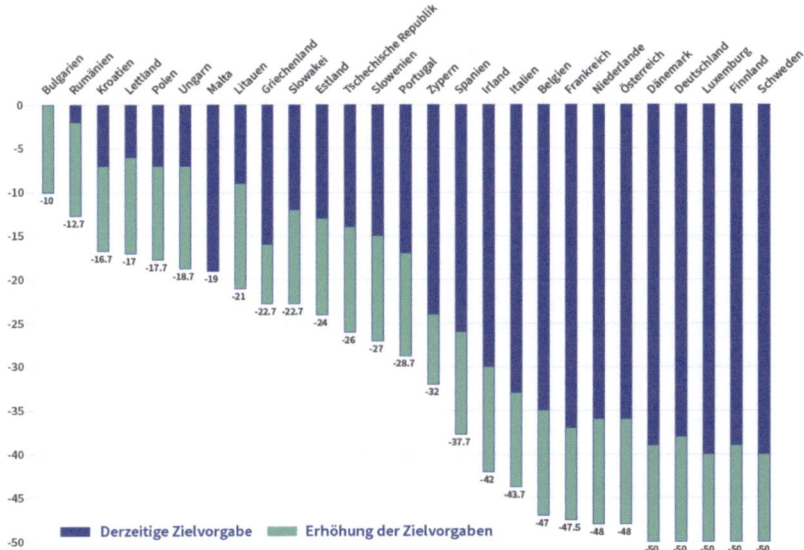

**Abb. 1.5** Erhöhung der Emissionsreduktionsziele LVV bis 2030 pro Mitgliedstaat (in %) im Rahmen des Fit-for-55-Pakets. (Quelle: Verordnung (EU) 2023/857 (2023) [13], CC BY 4.0 – Creative Commons Lizenz)

10 %, Griechenland um 22,7 % reduzieren (s. Abb. 1.5). Im Jahr 2025 soll eine Überprüfung der Ziele erfolgen. Daraufhin könnten die jährlichen Reduktionsziele einzelner Staaten für 2026–2030 angepasst werden.

Warum „individuelle Ziele"? Die EU-Staaten haben freie Hand, welche Maßnahmen sie in welchen Sektoren umsetzen. Der Grund: Die unter die LVV fallenden Sektoren sind anders als im EU-ETS kaum über nationale Grenzen handelbar und stehen somit weniger im Wettbewerb, wie z. B. die Großindustrie unter dem EU-ETS I, die im globalen Wettbewerb steht. Die Sektoren unter der LVV kann man als „kleinteiliger" bezeichnen, die nicht unter ein paar große Akteure subsumiert werden können. Oftmals betreffen sie die individuelle Ebene der Bürger:innen, wenn man z. B. an den Bereich Gebäude denkt und daran, dass nicht alle Menschen gleichermaßen in der Lage sind, Maßnahmen zur Emissionsreduktion zu treffen. Man denke an Mieter:innen, die auf ihre Vermieter:innen und deren Entscheidungen zu energetischen Sanierungsmaßnahmen angewiesen sind. Deshalb basiert die Bepreisung innerhalb der LVV auf dem Pro-Kopf-BIP und der Kostenwirksamkeit.

Um die Zielerreichung für die EU-Mitgliedstaaten auch realistisch zu ermöglichen, sieht die Lastenteilungsverordnung mehrere Flexibilitätsoptionen vor:

- Ein Übertrag in ein nächstes Jahr: Staaten, die ihre Emissionsziele in einem Jahr übererfüllen, können ihre Guthaben ins nächste Jahr übertragen.
- Vorwegnahme: Länder mit höheren Emissionen dürfen ein Kontingent des Folgejahres vorziehen.
- Handelbarkeit der Zertifikate: Die Mitgliedstaaten dürfen ihre jährlichen LVV-Verpflichtungen in begrenztem Umfang untereinander handeln. Zusätzlich dürfen einige Länder begrenzte Zertifikate aus dem EU-ETS I und Gutschriften aus der Landnutzung und Forstwirtschaft (LULUCF) nutzen, um ihre Ziele zu erreichen.

Realitätscheck: Stand heute (2024) könnte Deutschland seine LVV-Ziele für 2030 um 126 Mio. t $CO_2$-Äquivalente verfehlen, wie das Bundesumweltamt in seinem Projektionsbericht 2024 aufzeigte [14] bzw. die Bundesrepublik in der Aktualisierung des Integrierten Nationalen Energie- und Klimaschutzplans an die EU berichtete [15].

Was fällt auf, wenn man sich die Mechanismen des EU-ETS und der LVV vergleichend betrachtet? Auf der einen Seite steht mit dem EU-ETS ein marktliches Instrument, das EU-weit mit einem einheitlichen $CO_2$-Preis agiert und unter der Prämisse des Verursacherprinzips bei den Emittenten ansetzt. Erinnern Sie sich an unsere anfänglichen Überlegungen zu den externen Effekten, die durch diesen Ansatz ein klares Preissignal setzen und damit Innovationen in die Dekarbonisierung anreizen können?

Auf der anderen Seite steht die LVV, die länderspezifisch ausgestaltet ist. Dies bringt eine gewisse Flexibilität mit sich, sodass den Mitgliedstaaten innerhalb ihrer vorgegebenen und verbindlichen Zielvorgaben die Wahl der Instrumente freigestellt bleibt. Deutschland bepreist seine unter die LVV fallenden Emissionen beispielsweise seit 2021 unter dem Brennstoffemissionshandelsgesetz und hat einen Mechanismus gewählt, der einer $CO_2$-Steuer gleichkommt – zumindest bis Ende 2026. Damit einher geht allerdings der Bedarf auf EU-Ebene, klare und umfangreiche Mechanismen zur Berichterstattung und Fortschrittsüberwachung zu etablieren, da sie für die Gesamtzielerreichung verantwortlich ist. Schließlich tragen die LVV-Reduktionen maßgeblich auch auf UN-Ebene zur Erreichung der EU-Verpflichtungen aus dem Pariser Klimaabkommen bei. Daher legen die Mitgliedstaaten jährlich ihre Fortschritte vor. Die EU-Kommission bewertet diese im Hinblick auf die vereinbarte Zielerreichung in dem jeweiligen Staat. Falls ein Mitgliedstaat keine ausreichenden Fortschritte macht, muss er einen angemessenen

## 1.2 CO$_2$-Bepreisungsinstrumente neben dem EU-ETS

Plan für Abhilfemaßnahmen vorlegen, ähnlich, wie dies unter dem deutschen Klimaschutzgesetz bisher jährlich der Fall war. Kommt ein Mitgliedstaat seiner Jahresverpflichtung in einem gegebenen Jahr trotz Inanspruchnahme der oben genannten Flexibilitätsmöglichkeiten nicht nach, wird das Defizit mit einem Faktor von 1,08 multipliziert und der Verpflichtung für das Folgejahr zugeschlagen.

Unter den Flexibilitätsmechanismen hat dies dann unter Umständen zur Folge, dass ein Staat LVV-Zertifikate (nicht zu vergleichen mit EUAs aus dem EU-ETS) bei anderen Ländern erwerben muss, die ihre Ziele übererfüllt haben. Hier kommt ein weiterer Unterschied zutage: Bei der LVV kann es unter dieser Voraussetzung vorkommen, dass der Staat mit Steuergeldern für die Verfehlung der Ziele aufkommen muss. Anders gesagt, wenn seine individuellen Instrumente nicht gegriffen haben. Dies kann unter Umständen teuer werden. Während Deutschland zum Beispiel im Jahr 2022 für seine Verfehlungen im LVV-Sektor wenige Millionen für etwa 113 Mio. t CO$_2$ zahlen musste, die es im Zeitraum 2013–2022 zu viel emittiert hatte, ist dies so unter dem EU-ETS nicht vorgesehen. Hier wird direkt durch das CAP bei den Unternehmen und den Energieunternehmen angesetzt, was allerdings auch indirekt bedeuten kann, dass der Staat viele Maßnahmen ergreift, um diesen Akteuren indirekt, z. B. über Subventionen unter die Arme zu greifen. Das Argument heißt hier meistens „Carbon Leakage", also eine Abwanderung eines Unternehmens aufgrund einer hohen CO$_2$-Bepreisung.

Last but not least: Man sollte in dieser Diskussion den bürokratischen Aufwand der Nationalen Emissionshandelsstellen und die Kommunikation zwischen diesen und der EU-Ebene nicht außen vorlassen.

### 1.2.2 LULUCF – Natürlicher Klimaschutz und der Beitrag von intakten Ökosystemen für unser Netto-Null-Ziel

Die Abkürzung LULUCF steht für „land use, land use change and forestry", also zu Deutsch etwa die Nutzung von Land, Landnutzungsänderung und Forstwirtschaft und findet in den internationalen Klimaschutzabkommen des Kyoto-Protokolls und in der Folge in dem Pariser Abkommen Anwendung, um die Rolle von Landnutzung und Forstwirtschaft bei der Regulierung des Klimas zu erfassen [16]. Neben dem EU-ETS und der LVV ist dies der dritte große Sektorblock, der EU-weit für die Erfüllung der EU-Klimaziele von hoher Bedeutung ist.

Wie der Name schon sagt, konzentriert sich das Politikfeld LULUCF auf Wälder, Böden und deren Vegetation. Es geht also um lebende Ökosysteme um uns herum, welche Emissionen speichern und wieder freisetzen können. Wie tun sie das? In dem sie z. B. im Zuge der Photosynthese Kohlenstoff in Sauerstoff umwandeln. Daher spricht man von einem Wald als „lebende Lunge". Wenn eine Landnutzungskategorie mehr Kohlenstoff aufnimmt als emittiert, bezeichnete man sie als *Senke*. Wenn sie mehr emittiert als aufnimmt, handelt es sich um eine *Quelle* [17]. Hier wird die Bedeutung dieses Sektors deutlich: Aus klimapolitischer Sicht ist inzwischen unzweifelhaft anerkannt, dass Klimaneutralität zuallererst durch das Vermeiden von Emissionen erreicht wird. Neben der unbedingten und sofortigen schnellen Umsetzung von Dekarbonisierungsmaßnahmen werden wir zusätzlich eine erhebliche Menge $CO_2$ aus unserer Atmosphäre entfernen müssen.

Der Zweck von LULUCF besteht daher darin, sicherzustellen, dass die Anstrengungen zur Eindämmung des Klimawandels nicht nur auf die direkten Emissionen aus Industrie, Energieerzeugung und Verkehr beschränkt sind, sondern auch die Auswirkungen der Landnutzung und Forstwirtschaft berücksichtigen. Die Emissionen und Senken aus dem LULUCF-Sektor werden in den nationalen Klimazielen der EU-Mitgliedstaaten berücksichtigt und können zur Erfüllung ihrer Emissionsreduktionsverpflichtungen beitragen. Insgesamt möchte die EU bis 2030 Emissionen in der Höhe von 310 Mio. t $CO_2$-Äquivalenten jährlich einsparen. Das sind 310 Mio. t, die also mehr aus der Atmosphäre entnommen werden sollen. Durch die Integration dieser Sektoren in die Klimapolitik können zusätzliche Anreize für den Schutz und die Wiederherstellung von Wäldern, Mooren und anderen Landflächen geschaffen werden, um die Treibhausgasemissionen zu reduzieren und gleichzeitig die Kohlenstoffsenken zu stärken [18] [19] [20]. Denn: Der LULUCF-Bereich hat das Potenzial, durch seine natürliche Senkenfunktion im Ökosystem den Klimawandel in gewissem Maße abzumildern. Voraussetzung dafür ist, dass die Sektoren im LULUCF-Bereich (s. Abb. 1.6) aber ihre Senkenfunktion erfüllen können und nicht als Quellen wirken. Nach Berechnungen der EU ist aktuell der positive Beitrag des Sektors wesentlich auf die Absorption von Emissionen durch Waldflächen zurückzuführen, mit etwa 329,4 Mio. t $CO_2$-Äquivalent. Andere Flächen wie Äcker oder Siedlungen sind hingegen Emittenten.

Insgesamt beziffert die EU den potenziellen Beitrag des LULUCF-Sektors auf eine Absorptionsleistung von 10 % aller Emissionen der EU. Das bedeutet, dass dieser Sektor gut 10 % der Treibhausgasemissionen ausgleichen kann, weswegen der Anteil des Sektors weiter ausgebaut werden soll [22, 23]. Über die nationalen Zielvorgaben hinaus sind daher alle Mitgliedstaaten angehalten, sich im Zeitraum von 2026–2029 weitere Ziele in Bezug auf die Summe der Nettoemissionen und den Nettoabbau von Treibhausgasen zu setzen. Um ihre Zielvorgaben zu erfüllen, können die EU-Mitgliedstaaten ähnlich wie bei der LVV von gewissen Flexibilitätsregelungen Gebrauch machen, um ihre Zielvorgaben zu erfüllen.

## 1.2 CO₂-Bepreisungsinstrumente neben dem EU-ETS

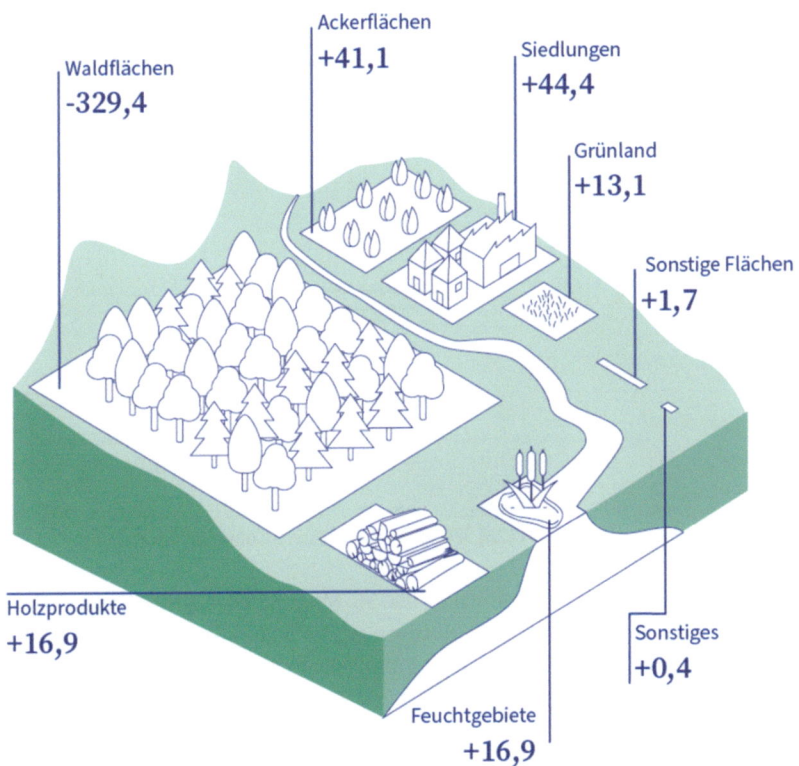

**Abb. 1.6** Überblick über den LULUCF-Sektor mit Emissionsquellen und Senken in der EU für das Jahr 2019 in Mio. t. CO2-Äquivalent. (Quelle: Europäischer Rat (2023) [21], CC BY 4.0 – Creative Commons Lizenz)

Und der Realitätscheck? Zur Bestimmung der Veränderungen des nationalen Kohlenstoffhaushalts, wird ein Gleichgewichtsmodell berechnet. In Deutschland beruht das Modell auf einem Stichprobensystem mit rund 36 Mio. Stichprobenpunkten. Gestützt wird das System durch die Erstellung von Karten zur Landnutzung mithilfe satellitengestützter Daten, mit dem Ziel, die Gegebenheiten möglichst real abzubilden. Die untersuchten Flächen werden anschließend in die fünf Kategorien Wald, Acker- sowie Grünland, Feuchtgebiete, Siedlungen und Flächen anderer Nutzung unterteilt. Rückblickend über den Verlauf von 1990–2022 ist festzustellen, dass der Beitrag des LULUCF-Sektors stark schwankt, wie in Abb. 1.7 exemplarisch für Deutschland deutlich wird. So wurden die Gesamt-

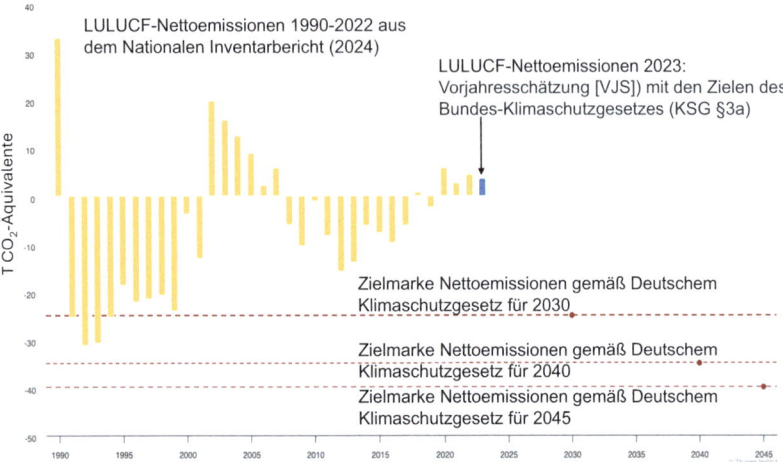

**Abb. 1.7** Deutsche Klimaschutzziele und aktuelle LULUCF-Emissionsentwicklung. (Quelle: Thünen-Institut (2024) [26], CC BY 4.0 – Creative Commons Lizenz)

emissionen in einem Intervall von plus 36 Mio. t $CO_2$-Äquivalent bis minus 34 Mio. t $CO_2$-Äquivalent bilanziert. Insgesamt ist eine sinkende Speicherkapazität unter Wald und eine Zunahme der Emissionen aus organischen Böden des Acker- und Grünlands zu beobachten [24], was den Wert für aktiven Umweltschutz in diesem Bereich hilft, auch monetär zu beziffern und zu fördern. Die Abb. 1.7 zeigt auch, dass der LULUCF-Sektor in Deutschland derzeit nicht als Senke, sondern als Emissionsquelle fungiert und demnach seine Ziele deutlich verfehlt. So betrugen die Treibhausgasemissionen aus 2022 im Netto 4,4 Mio. t $CO_2$-Äquivalente [25].

Dabei steckt im LULUCF-Sektor ein erhebliches Marktpotenzial, das einmal mehr zeigt, dass sich Klimaschutz und wirtschaftlicher Erfolg bedingen und gar verstärken können. Deutschland und die EU haben die Möglichkeit, mit ihren $CO_2$-Entfernungsansätzen einen wichtigen Markt zu entwickeln und „First Mover" zu werden: Jüngsten Berechnungen zufolge wird der globale Markt für $CO_2$-Entfernungstechnologien bis 2050 einen Wert von jährlich 470–940 Mrd. € erreichen. Europa und Deutschland können bedeutende Anteile dieses Marktes einnehmen, wobei Europa jährlich etwa 220 Mrd. € und Deutschland etwa 70 Mrd. € generieren könnte. Die im LULUCF-Sektor verorteten $CO_2$-Senken machen den Studienergebnissen zufolge etwa die Hälfte des Marktpotenzials aus [27].

## 1.2.3 Die EU-Energiesteuerrichtlinie

Allen, die bei dem Wort „Steuern" gern das Buch zuklappen möchten, sei kurz erläutert, dass es sich bei der EU-Energiesteuerrichtlinie nicht um die Regelung einer EU-Steuer handelt. Daher seien Sie gern eingeladen, an dieser Stelle weiterzulesen, auch wenn uns klar ist, dass das Thema Steuern – gelinde gesagt – oft mit Distanz betrachtet wird. Wir können Ihnen aber versichern, dass es einige nicht uninteressante Aspekte gibt, die uns helfen, anhand der EU-Energiesteuerrichtlinie auch Rückschlüsse auf die Ausgestaltung des EU-ETS zu ziehen.

Die seit 2003 geltende Energiesteuerrichtlinie 2003/96/EG [28] regelt also keine EU-weit geltende Steuer, deren Einnahmen in den EU-Haushalt fließen. Vielmehr wird die EU mit dieser – und ähnlich ausgestalteten Steuern – ihrer Aufgabe gerecht, EU-weit Handelshemmnisse abzubauen, also für das Funktionieren des Binnenmarktes zu sorgen und ergo, Wettbewerbsverzerrungen auszuschalten. Ziel war es zur letzten Jahrtausendwende also, eine gemeinsame Struktur der Energiebesteuerung zu schaffen und Dumpingpreise z. B. für Diesel zu vermeiden. Diese führen dazu, dass große Logistikunternehmen ihre Lkws in Ländern wie Luxemburg tanken lassen, die einen besonders niedrigen Steuersatz haben und für diesen Tanktourismus oft erhebliche Umwege und Zeitaufwand in Kauf nehmen. Dafür legt die Richtlinie EU-weit einheitliche Mindeststeuersätze pro Energieerzeugnis für Bereiche wie Strom, Heizen und Transport fest, sowie einheitliche Befreiungen und Ermäßigungstatbestände, die im Ermessen der Mitgliedstaaten liegen. Diese Mindeststeuersätze stellen Leitlinien für die Mitgliedstaaten dar, die zwar einerseits diese unteren Sätze umsetzen müssen, darüber hinaus aber individuell höhere Steuersätze erheben können. Dies tun die Mitgliedstaaten in der Regel auch und so besteuert Deutschland beispielsweise all seine unter die Energiesteuerrichtlinie fallenden Energieprodukte wie Diesel, Benzin, Heizöl oder Strom weit über diesen Minimumsätzen, da dies wichtige Einnahmequellen für den Staat darstellen.

Ein in der Energiesteuerrichtlinie geregelter Ausnahmetatbestand auf die Besteuerung bezieht sich auf Kerosin. Mit anderen Worten, Flugkraftstoffe werden von der Besteuerung ausgenommen. Zusammengenommen mit der Befreiung der Mehrwertsteuer auf Flugtickets ist hier die finanzielle Subventionierung der (Billig-)Flieger erkennbar, wenn man bedenkt, dass man auf ein Bahnticket nicht nur Stromsteuer, sondern auch Umsatzsteuer zahlt. Dieser Zusammenhang – und es gäbe weitaus mehr derartiger Fälle aufzuführen – zeigen einmal mehr die enge Verzahnung von Finanz-, Wirtschafts- und Klimapolitik. Sie erinnern sich an „externe Effekte"? Hier ein Beispiel, wie man Marktversagen erklären kann.

„Steuern" können steuern – im wahrsten Sinne des Wortes und können eine wichtige Lenkungswirkung erzeugen [29]. Genau wie ein Emissionshandel erlangt der Staat durch Steuern Einnahmen, die er umverteilen kann. Oder aber der Staat verzichtet bewusst auf die Besteuerung von bestimmten Produkten, wie z. B. Kerosin und subventioniert hiermit nicht nur indirekt bestimmte Produkte, sondern verzichtet auch auf Einnahmen. Wenn wir in den kommenden Kapiteln noch erläutern, dass die politischen Rahmenbedingungen zur Verwendung der EU-ETS-Einnahmen einer klaren klima- und sozialpolitisch zweckgebundenen Priorisierung folgen, gelangen Steuereinnahmen – bildlich gesprochen – in den allgemeinen großen Haushaltstopf des (National-)Staates. Aus diesem werden die einzelnen Ausgaben, z. B. Soziales, Verkehr, Verteidigung, Bauen usw., getätigt. Ein Beispiel: Wahrscheinlich ist nur wenigen bekannt, dass die deutsche Stromsteuer 1999 eingeführt wurde, um daraus die damals fast zahlungsunfähige Rentenkasse zu entlasten. Noch heute fließen über 80 % der Stromsteuereinnahmen in die Rentenkasse.

Statt wie im Beispiel Kerosin klimaschädliches Verhalten zu subventionieren, kann man dies auch in die andere Richtung ausgestalten. Beispielsweise kann eine Kfz-Steuer, die eine $CO_2$-Komponente beinhaltet, einen höheren Steuersatz auf Fahrzeuge mit hohem $CO_2$-Ausstoß festlegen. Damit ist bei der Anschaffung eines neuen Wagens ein Anreiz geschaffen, ein Fahrzeug mit einem niedrigen $CO_2$-Ausstoß zu wählen oder alternativ einen höheren Steuersatz für ein Fahrzeug mit einem hohen $CO_2$-Ausstoß zu zahlen. Die Einnahmen aus der Steuer können dann den allgemeinen Haushalt entlasten oder auch dazu genutzt werden, im Gegenzug andere Steuern oder die Sozialabgaben zu senken. „Tax what you burn – not what you earn" hat dies die ehemalige EU-Klimakommissarin Connie Hedegaard einmal bezeichnet.

Allein die Tatsache, dass die EU-Energiesteuerrichtlinie aus dem Jahr 2003 stammt und bisher keiner weitreichenden Novellierung unterzogen wurde, belegt den bereits eingangs geschilderten Grundsatz, dass die EU-Ebene keine bzw. eine sehr eingeschränkte politische Regelungskompetenz in Steuersachen hat. Das Steuerprivileg bzw. die Steuerhoheit liegt weitestgehend bei den nationalen Finanzbehörden, um nationale Haushalte zu finanzieren.

Jegliches steuerpolitische Vorgehen auf EU-Ebene ist damit verbunden, dass der Ministerrat einstimmig zustimmen muss und das EU-Parlament kein nennenswertes Mitspracherecht hat. Die Abgeordneten werden lediglich angehört, ohne eine Entscheidungskompetenz zu haben wie in den meisten anderen politischen Regelungsbereichen. Der Grund, warum die EU-Energiesteuerrichtlinie 2003 gerade noch so entschieden werden konnte, war, dass dies noch in einer Konstellation mit nur 15 Mitgliedstaaten entschieden werden konnte. Im Mai 2004 kamen durch die Erweiterung nach Mittel- und Osteuropa dann zehn weitere Mitgliedstaaten hinzu.

Ein Versuch, die Richtlinie 2009 an die energiewirtschaftliche Realität anzupassen und beispielsweise die Steuersätze an dem jeweiligen $CO_2$-Gehalt des zu besteuernden Energieproduktes einerseits und andererseits an den Energiegehalt pro Einheit anzupassen, scheiterte nach langem Verhandeln an genau diesem Einstimmigkeitsprinzip. Im Rahmen des Fit-for-55-Pakets hat die EU-Kommission 2021 einen erneuten Vorstoß gewagt und einen neuen Vorschlag vorgelegt [30]. Ähnlich wie schon bei dem Vorschlag von 2009 soll die Besteuerung von Energie zukünftig grundsätzlich auf dem Energiegehalt basieren. Die $CO_2$-Komponente fällt allerdings weg. Damit ist die Richtlinie streng genommen kein $CO_2$-Bepreisungswerkzeug mehr, aber dennoch ein wichtiges klimapolitisches Instrument. Die EU verleiht in dem Vorschlag der Lenkungsfunktion von Steuern Ausdruck, indem sie z. B. die Steuerbefreiungen für den innergemeinschaftlichen Luftverkehr, sprich Kerosin, außer für Frachtflüge und für die Schifffahrt aufhebt. Außerdem sind nichtnachhaltige Energieträger höher zu besteuern als nachhaltige. Und ja … Sie ahnen bereits, welche Richtlinie es nicht mehr in der Legislaturperiode 2019–2024 geschafft hat, beschlossen zu werden. Genau: Als eines der ganz wenigen Gesetzespakete ist die Novelle der EU-Energiesteuerrichtlinie anhängig und in die nächste Legislaturperiode verschoben.

Widmen wir uns also wieder dem Instrument, das in den letzten Jahren seine klare Wirkung entfaltet hat und das innerhalb des Fit-for-55-Pakets ambitioniert angepasst und erweitert wurde, dem EU-ETS.

## Literatur

1. Vereinte Nationen (1997). Protokoll von Kyoto zum Rahmenübereinkommen der Vereinten Nationen über Klimaänderungen. Abgerufen am 20.07.2024 von https://unfccc.int/resource/docs/convkp/kpger.pdf
2. Umweltbundesamt (2024): Gesellschaftliche Kosten von Umweltbelastungen. Abgerufen am 24.07.2024 von https://www.umweltbundesamt.de/daten/umwelt-wirtschaft/gesellschaftliche-kosten-von-umweltbelastungen#gesamtwirtschaftliche-bedeutung-der-umweltkosten
3. Döbbeling-Hildebrand, N., Miersch, K., Khanna, T., Bachelet, M., Bruns, S., Callaghan, M., Edenhofer, O., Flachsland, C., Forster, P., Kalkuhl, M., Koch, N., Lamb, W., Ohlendorf, N., Steckel, J., Minx, J., (2024). Systematic review and meta-analysis of ex-post evaluations on the effectiveness of carbon pricing. Nature Communications. Abgerufen am 24.07.2024 von https://www.nature.com/articles/s41467-024-48512-w
4. Pause, F.; Nysten, J.; Busch, R.; Kamm, J.; Wimmer, M. (2024). Das Fit for 55-Paket und REPowerEU: Blick zurück und Blick nach vorne. Stiftung Umweltenergierecht vom

30.04.2024, abgerufen am 15.07.2024 von https://stiftung-umweltenergierecht.de/wp-content/uploads/2024/04/Das-Fit-for-55-Paket-und-REPowerEU-Blick-zurueck-und-Blick-nach-vorne_2024-04-30.pdf
5. EUR-Lex (2021). Verordnung (EU) 2021/1119 des Europäischen Parlaments und des Rates vom 30. Juni 2021 zur Schaffung des Rahmens für die Verwirklichung der Klimaneutralität und zur Änderung der Verordnungen (EG) Nr. 401/2009 und (EU) 2018/1999 („Europäisches Klimagesetz"). Abgerufen am 01.07.2024 von https://eur-lex.europa.eu/legal-content/DE/TXT/PDF/?uri=CELEX:32021R1119
6. Europäische Kommission (2024), Final Report from the Commission to the European Parliament and the Council on the functioning of the European carbon market in 2023. Abgerufen am 20.11.2024 von 92ec0ab3-24cf-4814-ad59-81c15e310bea_en
7. Vereinte Nationen (1997). Protokoll von Kyoto zum Rahmenübereinkommen der Vereinten Nationen über Klimaänderungen. Abgerufen am 20.07.2024 von https://unfccc.int/resource/docs/convkp/kpger.pdf
8. UNFCCC (2015). Paris Agreement. Abgerufen am 12.08.2024 von https://unfccc.int/sites/default/files/english_paris_agreement.pdf
9. EUR-Lex (2021): Verordnung (EU) 2021/1119 des Europäischen Parlaments und des Rates vom 30. Juni 2021 zur Schaffung des Rahmens für die Verwirklichung der Klimaneutralität und zur Änderung der Verordnungen (EG) Nr. 401/2009 und (EU) 2018/1999 („Europäisches Klimagesetz"). Abgerufen am 12.08.2024 von https://eur-lex.europa.eu/legal-content/DE/TXT/PDF/?uri=CELEX:32021R1119&from=FR
10. Europäische Kommission (2024). Lastenteilung 2021-2030: Ziele und Flexibilitäten. Abgerufen am 03.08.2024 von https://climate.ec.europa.eu/eu-action/effort-sharing-member-states-emission-targets/effort-sharing-2021-2030-targets-and-flexibilities_de
11. EUR-Lex (2018). Verordnung (EU) 2018/842 des Europäischen Parlaments und des Rates vom 30. Mai 2018 zur Festlegung verbindlicher nationaler Jahresziele für die Reduzierung der Treibhausgasemissionen im Zeitraum 2021 bis 2030 als Beitrag zu Klimaschutzmaßnahmen zwecks Erfüllung der Verpflichtungen aus dem Übereinkommen von Paris sowie zur Änderung der Verordnung (EU) Nr. 525/2013. Abgerufen am 31.07.2024 von https://eur-lex.europa.eu/legal-content/DE/TXT/PDF/?uri=CELEX:32018R0842
12. Rat der EU (2024). „Fit für 55": Verringerung der Emissionen in den Bereichen Verkehr, Gebäude, Landwirtschaft und Abfall. Abgerufen am 05.08.2024 von https://www.consilium.europa.eu/de/infographics/fit-for-55-effort-sharing-regulation/
13. EUR-Lex (2023). Verordnung (EU) 2023/857 des Europäischen Parlaments und des Rates vom 19. April 2023 zur Änderung der Verordnung (EU) 2018/842 zur Festlegung verbindlicher nationaler Jahresziele für die Reduzierung der Treibhausgasemissionen im Zeitraum 2021 bis 2030 als Beitrag zu Klimaschutzmaßnahmen zwecks Erfüllung der Verpflichtungen aus dem Übereinkommen von Paris sowie zur Änderung der Verordnung (EU) 2018/1999 hhttps://eur-lex.europa.eu/legal-content/DE/TXT/PDF/?uri=CELEX:32023R0857
14. Umweltbundesamt (2024). Treibhausgas-Projektionen 2024 – Ergebnisse kompakt. Abgerufen am 19.08.2024 von https://www.umweltbundesamt.de/sites/default/files/medien/11850/publikationen/thg-projektionen_2024_ergebnisse_kompakt.pdf
15. Bundesministerium für Wirtschaft und Klimaschutz (2024, August). Aktualisierung des integrierten nationalen Energie und Klimaschutzplans. Abgerufen am 28.08.2024 von

# Literatur

https://www.bmwk.de/Redaktion/DE/Publikationen/Energie/20240820-aktualisierung-necp.pdf?__blob=publicationFile&v=6
16. Umweltbundesamt (2022). LULUCF. Abgerufen am 15.06.2024 von https://www.umweltbundesamt.de/tags/lulucf
17. Europäischer Rat (2023). Klimaziele Land- und Forstwirtschaft. Abgerufen am 15.06.2024 von https://www.consilium.europa.eu/de/infographics/fit-for-55-lulucf-land-use-land-use-change-and-forestry/
18. Umweltbundesamt (2022). LULUCF. Abgerufen am 15.06.2024 von https://www.umweltbundesamt.de/tags/lulucf
19. EnergieZukunft (2023). EU vereinbart verbindliche Senkung von THG-Emissionen. Abgerufen am 18.06.2024 von https://www.energiezukunft.eu/politik/eu-vereinbart-verbindliche-senkung-von-thg-emissionen/
20. Deutscher Naturschutzring (2021). LULUCF – Grünrechnen oder Klimarettung durch natürliche $CO_2$-Senken? Abgerufen am 22.06.2023 von https://backend.dnr.de/sites/default/files/Publikationen/Steckbriefe_Factsheets/2021-09-Steckbrief_LULUCF.pdf
21. Europäischer Rat (2023). Klimaziele Land- und Forstwirtschaft. Abgerufen am 15.01.2024 von https://www.consilium.europa.eu/de/infographics/fit-for-55-lulucf-land-use-land-use-change-and-forestry/
22. Europäischer Rat (2023). Klimaziele Land- und Forstwirtschaft. Abgerufen am 15.06.2024 von https://www.consilium.europa.eu/de/infographics/fit-for-55-lulucf-land-use-land-use-change-and-forestry/
23. Deutscher Naturschutzring (2021). LULUCF – Grünrechnen oder Klimarettung durch natürliche $CO_2$-Senken? Abgerufen am 22.06.2023 von https://backend.dnr.de/sites/default/files/Publikationen/Steckbriefe_Factsheets/2021-09-Steckbrief_LULUCF.pdf
24. Umweltbundesamt (2023). Emissionen und Senken im Bereich Landnutzung, Landnutzungsänderungen und Forstwirtschaft. Abgerufen am 23.06.2024 von https://www.umweltbundesamt.de/sites/default/files/medien/384/bilder/2_tab_emi-senken-lulucf_2023_0.png
25. Gensior, A.; Drexler, S.; Fuß, R.; Stümer, W; Rüber, S. (2024). Treibhausgasemissionen durch Landnutzung, Landnutzungsänderung und Forstwirtschaft (LULUCF). Thünen-Institut. Abgerufen am 10.08.2024 von https://www.thuenen.de/de/themenfelder/klima-und-luft/emissionsinventare-buchhaltung-fuer-den-klimaschutz/treibhausgas-emissionen-lulucf
26. Gensior, A.; Drexler, S.; Fuß, R.; Stümer, W; Rüber, S. (2024). Treibhausgasemissionen durch Landnutzung, Landnutzungsänderung und Forstwirtschaft (LULUCF). Thünen-Institut. Abgerufen am 10.08.2024 von https://www.thuenen.de/de/themenfelder/klima-und-luft/emissionsinventare-buchhaltung-fuer-den-klimaschutz/treibhausgas-emissionen-lulucf
27. BCG/DVNE (2024): "NEGATIVE EMISSIONEN – Europa und Deutschland als Katalysatoren einer Billionen-Euro-Industrie. Abgerufen am 07.07.2024 von https://assets.foleon.com/eu-central-1/de-uploads-7e3kk3/50809/240620_dvne_bcg_cdr_economic_potential_de_vfinal_180dpi_1.01bb6a12d9ad.pdf?utm_source=cemicrosite&utm_description=organic&utm_campaign=dvne2024
28. EUR-Lex (2003). Richtlinie 2003/96/EG des Rates vom 27. Oktober 2003 zur Restrukturierung der gemeinschaftlichen Rahmenvorschriften zur Besteuerung von Energie-

erzeugnissen und elektrischem Strom. Abgerufen am 01.08.2024 von https://eur-lex.europa.eu/LexUriServ/LexUriServ.do?uri=OJ:L:2003:283:0051:0070:DE:PDF
29. Pojar, Simona (2023). How Green Budgeting is Embedded in National Budget Processes. European Commission, Directorate-General for Economic and Financial Affairs, Discussion Paper November 196/2023. Abgerufen am 02.08.2024 von https://economy-finance.ec.europa.eu/document/download/c12ebe1d-442f-4ee1-bfae-7bbfe06f9098_en?filename=dp196_en.pdf&prefLang=de
30. EU-Kommission (2021). COM(2021) 563. Richtlinie des Rates zur Restrukturierung der Rahmenvorschriften der Union zur Besteuerung von Energieerzeugnissen und elektrischem Strom (Neufassung). Abgerufen am 02.08.2024 von https://eur-lex.europa.eu/legal-content/DE/TXT/PDF/?uri=CELEX:52021PC0563

# Das EU-ETS I – Dekarbonisierung in Schritten

**2**

## 2.1 Hintergrund zur Einführung des EU-ETS 2005

Die Entstehungsgeschichte des EU-Emissionshandels (EU-ETS) bis zum Jahr 2005 markiert den Beginn des größten und ältesten Emissionshandelssystems der Welt, das bis heute eine entscheidende Rolle für die Dekarbonisierung von zahlreichen Industriesektoren und der Energiewirtschaft spielt [1]. Die Entwicklung ist eng mit den internationalen Bemühungen verbunden, den Klimawandel einzudämmen.

Wie oben bereits erwähnt, wurde das EU-ETS 2005 als das erste über nationale Grenzen hinweg gültige marktwirtschaftliche Instrument zur Regulierung und Reduzierung klimaschädlicher Treibhausgase weltweit eingeführt. Seitdem hat es sich über drei aufeinanderfolgende Phasen weiterentwickelt, wobei wir uns heute in der *Phase IV* befinden.

Die Idee eines EU-weiten Emissionshandelssystems wurde erstmals im Jahr 2000 vorgeschlagen, als die Europäische Kommission ein sog. Grünbuch zur Klimaänderung entwickelte, in dem verschiedene Optionen zur Reduzierung der Treibhausgasemissionen erörtert wurden. Grünbücher sind eine Art Ideensammelpool, in denen offen neue Politikinstrumente diskutiert und zur Konsultation gestellt werden. Im Jahr 2003 verabschiedete die Europäische Kommission schließlich die Richtlinie 2003/87/EG [2], die die Grundlagen für die Einführung des EU-ETS legte. Die Richtlinie legte fest, dass das Emissionshandelssystem in vier

© Der/die Autor(en), exklusiv lizenziert an Springer Fachmedien Wiesbaden GmbH, ein Teil von Springer Nature 2025
C. Adolf, M. Linnemann, *Der Europäische Emissionshandel*, https://doi.org/10.1007/978-3-658-46879-8_2

Phasen eingeführt werden sollte. Phase I sollte von 2005–2007 dauern, gefolgt von Phase II von 2008–2012 und Phase III von 2013–2020. Die vierte Phase begann im Jahr 2021 und verläuft bis zum Jahr 2030 [3].

Kernstück des Handelssystems ist die Ausgabe und der Handel mit einer festgelegten Menge an $CO_2$-Verschmutzungsberechtigungen in Form von Emissionszertifikaten, auch bekannt als EU Allowances (EUA) oder EU Emission Reduction Units (ERU), wie wir bereits in Kap. 1 beschrieben haben. Bedingt durch die Beschlüsse des Fit-for-55-Pakets wurden die Emissionsminderungsziele bis 2030 auf nun 62 % festgelegt.

Der Mechanismus ist denkbar einfach: Jede teilnehmende Anlage erhält eine bestimmte Menge an Zertifikaten, die ihrem zulässigen Ausstoß von Treibhausgasen entspricht. Ein Zertifikat berechtigt die Anlage zur Emission einer Tonne $CO_2$-Äquivalent. Die Zertifikate stellen also eine Berechtigung dar, mit der die jeweilige Anlage Emissionen emittieren darf. Mit jeder Tonne emittierter Treibhausgase muss jeder Betreiber einer handelspflichtigen Anlage Berechtigungen abgeben, wofür er ein Emissionsrechte-Konto im EU-Emissionshandelsregister, auch Unionsregister genannt, benötigt. Die Abrechnung erfolgt in Kalenderjahren bis Ende März für das vergangene Jahr. Die Überprüfung der Daten erfolgt durch eine nationale, akkreditierte Prüfstelle (z. B. TÜV). Nach Abschluss der Überprüfung werden die Daten an das Unionsregister weitergeleitet. Spätestens bis Ende April muss der Anlagenbetreiber im entsprechenden Umfang Berechtigungen im Unionsregister abgeben. Nichteinhaltung führen zu Sanktionen des Betreibers der handelspflichtigen Anlage [4, 5].

Wie bereits beschrieben, legt die EU jedes Jahr ein Ausgangsniveau für Zertifikate fest, das sich auf Basis eines Reduktionspfads verringert und separate Sektorenziele berücksichtigt. Hieraus ergibt sich eine Gesamtkapazität, welche für den Handel bestimmt ist. Die Ausgabe der Zertifikate kann auf zwei Wegen, durch eine kostenlose Vergabe oder eine Versteigerung durch die einzelnen Mitgliedsstaaten erfolgen. Der Anteil der versteigerten Zertifikate nimmt mit jeder Handelsperiode zu, weswegen sich der Anteil kostenlos ausgegebener Zertifikate stetig verringert. Letztere waren vor allem auf Druck der Anlagenbetreiber:innen als politischer Kompromiss eingeführt worden, die sich damit eine Übergangszeit geschafft haben, um das EU-ETS schrittweise einzuführen.

Die Einnahmen aus dem EU-ETS I, die durch die Erlöse der Auktionen der $CO_2$-Zertifikate erzielt werden, fließen zu einem gewissen Anteil in den Modernisierungs- und den Innovationsfonds. Beide Fonds unterstützen Projekte innerhalb der EU mit dem Ziel der Emissionsreduktion, wobei beide Fonds unterschiedliche Schwerpunkte setzen. Zusätzliche Einnahmen, die nicht in die Fonds fließen, können von den Mitgliedsstaaten verwaltet werden, jedoch müssen sie vollständig in energie- und klimaschutzbezogene sowie soziale Maßnahmen investiert werden.

## 2.2 Der Geltungsbereich des EU-ETS

Der Europäische Emissionshandel findet in allen 27 EU-Mitgliedstaaten Anwendung. Aber auch Nicht-EU-Mitgliedsstaaten wie Norwegen, Island und Liechtenstein haben sich dem EU-ETS angeschlossen. Mit dem Austritt Großbritanniens aus der EU ist das Vereinigte Königreich mit Ausnahme von einigen Anlagen in Nordirland nicht mehr Teil des europäischen Emissionshandels. Stattdessen hat Großbritannien einen eigenen Emissionshandel eingeführt. Daneben ist das EU-ETS mit dem Emissionshandelssystem der Schweiz verknüpft [6].

## 2.3 Adressatenkreis

Mittlerweile umfasst das EU-ETS EU-weit mehr als 15.000 stationäre Anlagen [7]. Damit deckt das EU-ETS knapp 40 % der Emissionen der EU ab. Das EU-ETS gilt für die Betreiber ortsfester Anlagen der Energiewirtschaft und Industrie mit einer Leistung von mehr als 20 MW, für den Sektor der Luftfahrt sowie – neu in der vierten Handelsperiode aufgenommen – den Sektor der Schifffahrt. Zum Ende der vierten Handelsperiode soll der Sektor der Abfallverbrennung in den EU-ETS I hinzukommen.

In Deutschland sind 1725 emissionshandelspflichtige Anlagen situiert (Stand 2023), davon 877 Anlagen im Energiesektor und 848 im Industriebereich [8].

Zu den betroffenen emissonshandelspflichtigen Anlagenarten zählen z. B. große Energieanlagen, insbesondere fossil befeuerte Kraftwerke, Heizkraftwerke (Kraft-Wärme-Kopplung) und Heizwerke mit einer Mindestfeuerungswärmeleistung von 20 Megawatt. Weiterhin zählen dazu energieintensive Industrieanlagen, beispielsweise Hochöfen der Stahlindustrie, Raffinerien, Zementwerke, Aluminiumwerke oder Anlagen der Chemieindustrie (vgl. Abb. 2.1).

Deutschland hat mit etwa 25 % den größten Anteil an den Gesamtemissionen unter den Mitgliedsstaaten. Der Großteil der deutschen Emissionen ist zurückzu-

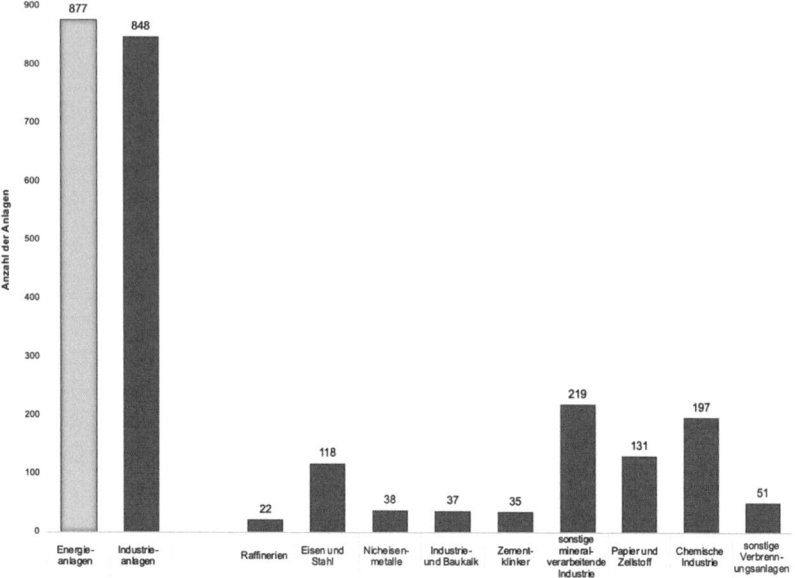

**Abb. 2.1** Anzahl der emissionshandelspflichtigen Anlagen in Deutschland nach Branchen im Jahr 2023. (Quelle: Deutsche Emissionshandelsstelle (2024) [9], CC BY 4.0 – Creative Commons Lizenz)

führen auf Energieanlagen, insbesondere aus Kraftwerken zur Stromproduktion und Heizkraftwerken (Strom und Wärmeproduktion) sowie in geringem Umfang auch auf Heizwerke zur reinen Wärmeerzeugung. Der restliche Anteil entfällt auf die energieintensive Industrie (Stand 2022) [10].

Im Jahr 2023 emittierten die unter das EU-ETS fallenden in Deutschland situierten Analgen insgesamt rund 289 Mio. t $CO_2$-Äquivalente. Dies stellt eine Reduktion von etwa 18 % im Vergleich zu 2022 dar und ist der größte Rückgang seit dem Start des EU-ETS im Jahr 2005. Die Emissionen der Energieanlagen sanken dabei um 22 % oder 188 Mio. t $CO_2$-Äquivalente, während bei den Industriesektoren ein Rückgang von 10 % auf 101 Mio. t $CO_2$-Äquivalente verzeichnet wurde [11]. Die Abb. 2.2 zeigt die Gewichtung der unterschiedlichen Industriebranchen in Deutschland mit ihrem jeweiligen Emissionsanteil:

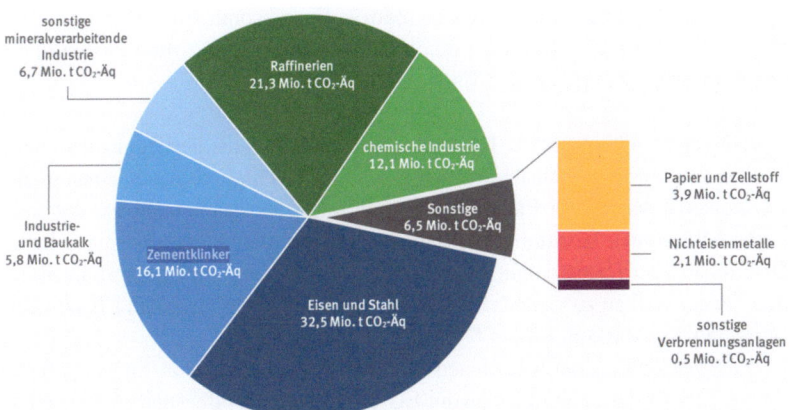

**Abb. 2.2** Anteile der einzelnen Branchen an den Emissionen des Industriesektors im Jahr 2022 sowie absolute Emissionen nach Berechnungen des UBA. (Quelle: Deutsche Emissionshandelsstelle (2024) [12], CC BY 4.0 – Creative Commons Lizenz)

## 2.4 Die Phasen des EU-ETS

Das EU-Emissionshandelssystem (EU-ETS) ist das größte und älteste Emissionshandelssystem der Welt. Es wurde in mehreren aufeinanderfolgenden Phasen eingeführt, um den Ausstoß von Treibhausgasen in der Europäischen Union zu reduzieren und den Übergang zu einer kohlenstoffarmen Wirtschaft zu fördern. Aktuell befinden wir uns in der vierten Phase des EU-ETS, welche von 2021–2030 läuft. Im Folgenden soll auf die Historie und wesentlichen Merkmale der einzelnen Phasen eingegangen werden.

**Phase I (2005–2007)**
In der ersten Phase des EU-ETS von 2005–2007 handelte es sich um eine sog. Lernphase. Im Vordergrund stand die Erprobung in der Praxis, da es sich um das weltweit erste emissionshandelsbasierte und grenzüberschreitende System dieser Größenordnung handelte. Dabei verfolgte die EU, wie oben bereits beschrieben, vor allem im Kontext mit den neuen UN-Maßnahmen zur $CO_2$-Senkung das Ziel, mithilfe des neuen Steuerungsinstruments die Treibhausgasemissionen von Indus-

trie- und Energieanlagen in Europa zu reduzieren und somit einen Beitrag zur Erreichung der eigenen Klimaziele durch die Senkung der $CO_2$-Emissionen durch eine Bepreisung zu erreichen [13].

In der ersten Phase des EU-ETS wurde unter anderem die Festlegung nationaler Allokationspläne als Maßnahme umgesetzt. Die EU-Mitgliedstaaten haben in diesem Zuge die Menge der Emissionsrechte für die Unternehmen anhand der emittierten Emissionen bestimmt. Die daraus resultierenden Allokationspläne haben dann anhand der Daten definiert, wie viele Zertifikate zur Verfügung standen. Einige Länder stellten zu viele Zertifikate zur Verfügung, was zu einem Überangebot führte und den Marktpreis für $CO_2$-Zertifikate drückte.

Die Einbeziehung der betroffenen Sektoren war noch begrenzt. So war z. B. der Flugverkehr in der ersten Phase vom EU-ETS nicht betroffen und wurde erst zu einem späteren Zeitpunkt integriert. Die Ausprägung des Ehrgeizes in den einzelnen Sektoren war entsprechend begrenzt, weswegen sich die Emissionsreduktionen ebenfalls in Grenzen hielten. Außerdem waren stark schwankende Preise für $CO_2$-Zertifikate in der ersten Phase zu beobachten. Die Preise erreichten zuweilen unerwartet niedrige Werte, weswegen die Wirksamkeit des Systems zur Disposition stand [14].

Insgesamt wurden in der ersten Phase des EU-ETS etwas mehr als 2 Mrd. $CO_2$-Zertifikate ausgegeben. So stieg das Handelsvolumen von 321 Mio. Zertifikaten im Jahr 2005 auf 1,1 Mrd. im Jahr 2006 und 2,1 Mrd. im Jahr 2007. Die Ausgabe der Zertifikate erfolgte zumeist kostenlos durch die Mitgliedstaaten, was zu einem Ungleichgewicht am Markt führte, weil aufgrund der zahlenmäßigen Überallokation von Zertifikaten kein wirkliches Preissignal als Knappheitsindikator gegeben war. Als Folge war gerade in den Anfangszeiten zu beobachten, dass sich diese Überallokation in Form niedriger Zertifikatspreise auswirkte. Als Reaktion auf die niedrigen Handelspreise beschloss die EU-Kommission in der Handelsperiode III rund 6 % der Zertifikate zurückzuhalten – ein Mechanismus, der als „Backloading" bekannt ist (s. Phase III). Im Ergebnis kam es zu einer temporären Reduzierung der verfügbaren Zertifikate und zu einem leichten Anstieg des Preises.

**Phase II (2008–2012)**
Die zweite Phase des EU-ETS begann im Jahr 2008 und dauerte bis 2012. In dieser Periode wurden einige der Schwächen aus der ersten Phase behoben, und das System wurde verbessert. Unter anderem kam es zu einer Ausweitung der betroffenen Sektoren im EU-ETS durch die Einbeziehung des Luftverkehrs. Außerdem wurde ein Auktionsverfahren zur Verteilung der Zertifikate etabliert. Ein Teil der Emissionsrechte wurde nun über Auktionen verteilt, um Überallokation zu verhindern und den Preis für $CO_2$-Zertifikate zu stabilisieren. Des Weiteren erfolgte eine

## 2.4 Die Phasen des EU-ETS

Reduktion der Emissionsgrenze. Hierfür wurde die zulässige Gesamtmenge an $CO_2$-Zertifikaten im Vergleich zur Phase I reduziert. Außerdem wurden die Verifizierungssysteme verbessert, um die Überprüfung und Validierung der Emissionen sowie die Integrität des Systems zu stärken. Das Handelsvolumen stieg von 3,1 Mrd. im Jahr 2008 auf 6,3 Mrd. im Jahr 2009. Im Jahr 2012 wurden 7,9 Mrd. Zertifikate gehandelt [15].

Im Unterschied zur ersten Handelsperiode bestand in den späteren Phasen die Möglichkeit, fehlende $CO_2$-Emissionsberechtigungen durch Emissionsreduktionen in Drittländern, also außerhalb der EU, über den sog. Clean Development Mechanism (CDM) oder Joint-Implementation-Projekte (JI) auszugleichen. Für EU-Emittenten stellte die Regelung eine Alternative dar, um Reduktionsverpflichtungen teilweise außerhalb ihres eigenen Staatsgebiets (z. B. in Ländern des globalen Südens) zu erfüllen. Aufforstungsprojekte waren dabei jedoch ausgenommen. Durch die Möglichkeit der Verringerung von Emissionen in Drittländern wurde vor allem die Idee verfolgt, die Emissionen dort zu reduzieren, wo es besonders günstig ist. Auch sollte eine ökologisch nachhaltige wirtschaftliche Entwicklung in den Ländern des globalen Südens durch den Transfer von Geld und Technologie ermöglicht werden. Allerdings bestand für die zu kompensierenden Unternehmen nicht die Möglichkeit, die Emissionsreduktion *vollständig* in das Ausland zu verlagern. Die genaue, zulässige Quote wurde von jedem Mitgliedstaat einzeln festgesetzt. In Deutschland betrug sie 22 % für jede einzelne Anlage [16].

Seit 2012 ist auch der Luftverkehr Teil des EU-ETS. Ursprünglich plante die EU, alle Flüge, die in der EU starten oder landen, in das System einzubeziehen. Doch dieser Ansatz stieß auf Widerstand von Drittstaaten, die ihre staatliche Souveränität dadurch bedroht sahen. In Reaktion darauf beschränkte die EU den Emissionshandel im Luftverkehr auf innereuropäische Flüge.

**Phase III (2013–2020)**
Die dritte Phase des EU-ETS begann 2013 und endete 2020. Insgesamt wurden in der dritten Phase des EU-ETS etwa 11 Mrd. $CO_2$-Zertifikate ausgegeben. Die Phase III war geprägt von weiteren Verbesserungen des Mechanismus selbst und von verstärkten Bemühungen zur Emissionsreduktion.

Zur Stabilisierung der Zertifikatspreise wurde außerdem das Instrument des sog. „Backloadings" als kurzfristige Maßnahme eingeführt. Hiermit sollte der durch die kostenlosen Zertifikate überflutete Markt, den man kaum als solchen bezeichnen konnte, weil er aufgrund des unbepreisten Überangebots an Zertifikaten keine wirklichen Preissignale von Knappheit und Angebot entwickeln konnte, korrigiert werden. Für die Jahre 2014, 2015 und 2016 wurden dafür insgesamt

900 Mio. Zertifikate zurückgehalten. Zum 1. Januar 2019 trat dann die Market Stabiliy Reserve (MSR) als reguläres Steuerungsinstrument in Kraft, das langfristig für die Marktstabilisierung sorgen soll. Die Zertifikate aus dem Backloading wurden in die MSR überführt [17, 18]. Ja, so einfach ist das mit den Märkten nicht, wie Sie feststellen. Daher ist der MSR auch später noch ein ganzes Kapitel gewidmet.

Daneben wurde die dritte Phase genutzt, um das Steuerungsinstrument des Zertifikatehandels besser auf die EU-Klimaziele für 2030 anzupassen und damit eine schnellere Treibhausgasreduktion zu erreichen. Außerdem wurden weitere Treibhausgase wie Lachgas oder Flurkohlenwasserstoffe, welche zum Treibhauseffekt beitragen, mit in den EU-ETS Handel aufgenommen [19, 20].

Im Gegensatz zu Phase I und II, in denen die Zertifikate größtenteils kostenlos ausgegeben wurden, wurde in Phase III verstärkt auf die auktionsbasierte Ausgabe von Zertifikaten gesetzt. Etwa 20 % der Zertifikate wurden mit Beginn der Phase III über ein Auktionsverfahren ausgegeben. In den vorherigen Phasen betrug der Anteil maximal 10 %. Bis zum Jahr 2020 stieg der Anteil auf 50 % an. Allerdings erfolgt die kostenlose Zuteilung von Zertifikaten nicht nach einem Pauschalansatz, sondern unterliegt speziellen Regeln sowie unterschiedlichen Anforderungen je nach betroffenem Sektor. So mussten beispielsweise die Stromproduzenten bereits 2013 alle Zertifikate bezahlen (Ausnahmen in Osteuropa vernachlässigt) [21, 22], während viele Industriebetriebe nach wie vor ihre Zertifikate kostenfrei erhielten.

Großbritannien, 2013 noch EU-Mitglied und nicht unbedingt als „regelungswütiges" Land bekannt, hat 2013 einen Carbon Price Floor (CPF) eingeführt. Die Begründung: Das EU-ETS zeige bisher kaum eine wahrnehmbare Wirkung, insbesondere im Sinne von sichtbaren Investitionen in CO2-freie Innovationen. Daher war das Ziel des CPFs, EUAs aus dem EU-ETS im Stromsektor national mit einem Mindestpreis zu versehen, der auf den $CO_2$-Zertifikatepreis des EU-ETS aufgeschlagen wurde [23]. In der Praxis funktioniert das folgendermaßen: Der CFP wurde dem Zertifikatspreis aufgeschlagen, sodass beide zusammen einen Festpreis ergaben. Beispiel: Der CPF lag bis 2020 bei 18 Pfund oder umgerechnet etwa 21 €. Angenommen, der Preis für ein EU-ETS Zertifikat hat 2016 5 € gekostet, so haben britische Firmen insgesamt einen Preis von 18 Pfund bzw. 21 € gezahlt, wovon 5 € in die Rückzahlungsmechanismen des EU-ETS flossen und 16 € an das britische Finanz- und Wirtschaftsministerium. Dieses redistribuierte diese Einnahmen dann wiederum an diejenigen der britischen Wirtschaftsakteure, die in die Dekarbonisierung investierten. Die jährlichen Einnahmen beliefen sich auf etwa 1 Mrd. Fund bzw. 1,2 Mrd. €.

**Phase IV (2021–2030)**
Aktuell befinden wir uns in der vierten Phase des EU-ETS Handels. Die Grundlage bildet die EU-Richtlinie (EU) 2018/410 [24] aus dem Jahr 2018. Auf Basis der

## 2.4 Die Phasen des EU-ETS

Richtlinie wurde beschlossen, in Phase IV die jährliche Reduktionsrate der Emissionsmenge (Cap) zu erhöhen. Das bedeutet, dass die Gesamtmenge der ausgegebenen Zertifikate von Jahr zu Jahr schneller abnehmen wird, um das Ambitionsniveau zur Emissionsreduktion zu heben. Daneben wurde die Funktionsweise der Market Stability Reserve (MSR) im Gegensatz zur Phase III noch einmal deutlich weiterentwickelt [25].

Wie schon in Phase III, wird auch in Phase IV das Ziel der schrittweisen Reduzierung kostenloser Zuteilungen weiterverfolgt. Die genaue Geschwindigkeit dieser Reduktion variiert je nach Sektor und ist nicht einheitlich für alle Branchen. Die bereits oben genannte EU-Richtlinie (EU) 2018/410, die die Rahmenbedingungen für Phase IV festlegt, enthält jedoch einen klaren Zeitplan für die Beendigung der kostenlosen Zuteilung. Gemäß der EU-Richtlinie ist das Ziel, die kostenlose Zuteilung von Zertifikaten in Phase IV vollständig zu beenden. Bereits ab 2027 soll in einigen Industriezweigen die Zuteilung von kostenlosen Zertifikaten vollständig abgeschafft sein. Die betroffenen Sektoren sind diejenigen, die als „sehr emissionsintensiv" und „handelsexponiert" gelten. Für andere Sektoren, die ebenfalls kostenlose Zuteilungen erhalten, wird die Reduzierung der kostenlosen Zertifikatsmenge auch nach 2027 fortgesetzt. Das genaue Tempo dieser Reduktion wird in den nationalen Allokationsplänen der EU-Mitgliedstaaten festgelegt, die von der Europäischen Kommission genehmigt werden müssen [26].

Außerdem neu eingeführt in der Phase IV wurde ein Mechanismus, der die Finanzierung von Innovationen und kohlenstoffarmen Technologien in den Mitgliedstaaten unterstützt. Auch wurden neue Regelungen zur Verhinderung bzw. zur Senkung des Risikos von sog. Carbon Leakage erlassen. Hierunter wird die Gefahr verstanden, dass energieintensive Unternehmen ihre Produktion in Länder mit weniger strengen Emissionsvorschriften verlagern, was innerhalb der EU zu weniger Emissionsfreisetzung führen würde. Global betrachtet würde es ein Nullsummenspiel, da die Emissionen räumlich verlegt, aber nicht durch Innovationen reduziert würden. Eventuell könnte es sogar durch besonders günstige Produktionsbedingungen im außereuropäischen Raum zu einem Anstieg der globalen Emissionen kommen. Insgesamt waren die Änderungen in der Phase IV des EU-ETS darauf ausgerichtet, das System effektiver und anspruchsvoller zu gestalten, um den Zielen des Pariser Klimaabkommens gerecht zu werden. Durch die Erhöhung des Ehrgeizes zur Emissionsreduktion und die Förderung von Innovationen sollte das EU-ETS einen größeren Beitrag zur Bekämpfung des Klimawandels leisten [27]. Gleichzeitig zielten die Regelungen darauf ab, den Wettbewerb und die internationale Wettbewerbsfähigkeit zu schützen, während die Emissionen wirksam reduziert werden.

## 2.5 Der EU-Green Deal: höheres Ambitionsniveau und Ausweitung auf weitere Sektoren

Im Zuge der Verabschiedung des „Europäischen Green Deals" 2019, der das Emissionsreduktionsziel der EU bis 2030 deutlich ambitionierter auf mindestens 55 % gegenüber 1990 ausgestaltet und der die Treibhausgasneutralität für die gesamte EU auf 2050 datiert, wurde als eine Maßnahme eines ganzen Katalogs das EU-ETS angepasst. Genauer wurde das Ambitionsniveau für 2030 erheblich von 43 % auf 62 % verschärft und der Wirkungsbereich des Emissionshandels auf weitere Sektoren ausgeweitet. Die Abb. 2.3 verdeutlicht den Zusammenhang zwischen den Reduktionszielen und Referenzdaten des EU-Klimagesetzes und des EU-ETS im Rahmen des EU-Green Deals:

Die Europäische Union (EU) hat sich darauf verständigt, bis 2050 in der EU Klimaneutralität zu erreichen und die europäische Klimapolitik entsprechend auszurichten. Das Emissionsminderungsziel für das Jahr 2030 wurde von mindestens 40 % auf mindestens 55 % bezogen auf 1990 angehoben. Beide Ziele sind gesetzlich im Europäischen Klimagesetz [29] verankert. Das Klimaschutzziel für 2030 und der Fahrplan zur Erreichung der Klimaneutralität bis 2050 wurden außerdem als sog. Energie- und Klimaschutzplan zur Überprüfung der globalen Klimaziele im Rahmen des Übereinkommens von Paris beim UN-Klimasekretariat eingereicht.

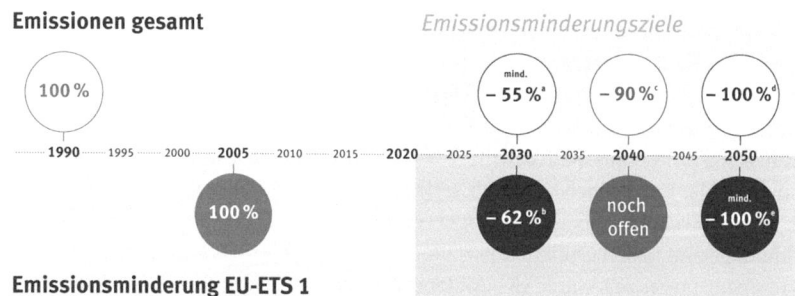

a  Zielwert bezogen auf die Netto-Emissionen (d.h. einschließlich der Berücksichtigung von Senken und negativen Emissionen), Quelle: Europäisches Klimagesetz (Juni 2021)
b  Emissionshandelsrichtlinie 2003/87/EU
c  Vorschlag in der Kommunikation der EU-Kommission zum Klimaschutzziel für 2040 vom 06.02.2024
d  Zielwert bezogen auf die Netto-Emissionen (d.h. einschließlich der Berücksichtigung von Senken und negativen Emissionen), Quelle: Europäisches Klimagesetz (Juni 2021)
e  ggf. schon vor 2050 und unter Einbeziehung von negativen Emissionen

**Abb. 2.3** Referenzrahmen des EU-Klimaziels und der Emissionsminderung im EU-ETS I. (Quelle: Deutsche Emissionshandelsstelle (2024) [28], CC BY 4.0 – Creative Commons Lizenz)

## 2.5 Der EU-Green Deal: höheres Ambitionsniveau und Ausweitung auf weitere ...

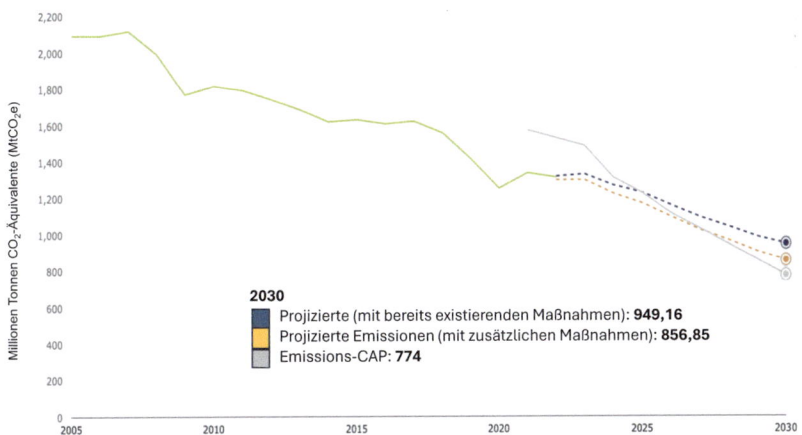

**Abb. 2.4** Historische Emissionen und Emissionspfade EU-ETS I, stationäre Anlagen 2005–2030. (Quelle: Europäische Umweltagentur (2024) [33], CC BY 4.0 – Creative Commons Lizenz)

Derzeit wird über das EU-Klimaziel bis 2040 diskutiert. Dazu hat die Europäische Kommission im Februar 2024 einen Entwurf vorgelegt, in dem sie ein Treibhausgas-Reduktionsziel für das Jahr 2040 von 90 % vorschlägt.

Wenn wir von den Referenzjahren des EU-ETS I sprechen, dann beziehen sich die Reduktionsminderungen immer auf das Jahr 2005 und nicht wie beim EU-Klimaschutzgesetz auf das Jahr 1990 (s. Abb. 2.4). Warum? Ganz einfach, weil das EU-ETS I erst im Jahr 2005 aus der Taufe gehoben wurde.

Am 05.06.2023 einigten sich der EU-Ministerrat, also die 27 nationalen Minister: innen, die das Ressort Energie in ihrer jeweiligen Regierung verantworten, und das EU-Parlament nach langen und zähen Verhandlungen auf zwei neue EU-Richtlinien innerhalb des EU-ETS. Diese reformieren zum einen das bestehende EU-ETS I für stationäre Anlagen und den Luftverkehr durch das bereits benannte erhöhte Ambitionsniveau zur Reduktion der Gesamtemissionen bis 2030. Weiterhin bezieht das EU-ETS nun auch erstmals den Schiffsverkehr ab 2024 mit ein. Genauer wird auch hier wie so oft ein Phasenmodell Anwendung finden, in dem zunächst ab 2024 die $CO_2$-Emissionen abgedeckt werden. Ab 2026 kommen Methan- und Lachgasemissionen hinzu [30].

Die Emissionen aus dem Luftverkehr sind seit 2013 rapide angestiegen, was auf den zunehmenden Flugverkehr und die Schwierigkeiten bei der Dekarbonisierung dieses Sektors zurückzuführen ist. Die Emissionen wurden nur durch die strengen Reisebeschränkungen während der Covid-19-Pandemie eingedämmt. Seitdem nehmen die Emissionen aus dem Luftverkehr wieder zu, was auf die Zunahme des

Luftverkehrs zurückzuführen ist. Einige Mitgliedstaaten gehen sogar von einem Anstieg der ETS-Emissionen nach 2030 aus. Im Zuge der Fit-for-55-Verhandlungen haben die Entscheidungsträger:innen beschlossen, die kostenfreie Zuteilung von Emissionszertifikaten an Fluggesellschaften bis 2026 vollständig auslaufen zu lassen. Bereits in den Jahren 2024 und 2025 werden die kostenlosen Zertifikate deutlich reduziert. Europäische Fluggesellschaften müssen dann die gesamten $CO_2$-Emissionen ihrer innereuropäischen Flüge im EU-ETS bezahlen. Der Anwendungsbereich bleibt vorerst auf innereuropäische Flüge beschränkt. Flüge aus der EU hinaus, werden dagegen über das sog. CORSIA-Instrument kompensiert [31]. Im internationalen Kontext greift seit 2020 das weltweite Klimaschutzinstrument „CORSIA" das von der UN-Luftfahrtorganisation ICAO getragen wird. Auf EU-Seite besteht immer noch die Hoffnung, dass ein globales Emissionshandelssystem nach Vorbild des EU-ETS eingeführt wird.

Da ein erhöhtes Ambitionsniveau im EU-ETS I nicht mehr zusammenpasst mit der Vergabe von kostenlosen Zertifikaten, die u. a. zu den erheblichen Ziel- bzw. Preisverfehlungen des EU-ETS und im Zuge dessen zu immer neuen Anläufen der „Reparatur" geführt haben – wir werden noch ausführlich auf die Marktstabilitätsreserve in Abschn. 2.10 eingehen und nannten bereits das sog. Backloading -, wurde – Achtung Teaser, ein neues Fremdwort – der CBAM beschlossen. Zurecht fragen Sie sich nun wahrscheinlich, was dahintersteckt. An dieser Stelle sei verraten, dass CBAM für Carbon Border Adjustment Mechanism steht. Und wenn sie jetzt noch nicht schlauer sind, dann nennen wir das Ganze $CO_2$-Grenzausgleichmechanismus. Diesem werden wir uns noch in Kap. 7 widmen, hier sei nur vorausgeschickt, dass der CBAM die Risiken der Verlagerung von $CO_2$-Emissionen ins Ausland mindert, indem es eine adäquate $CO_2$-Bepreisung für Importe und inländische Produkte sicherstellt. Der CBAM wird schrittweise die bisherigen Mechanismen der kostenlosen Zuteilung von kostenlosen Emissionszertifikaten ablösen und so den Wettbewerbsnachteil europäischer Unternehmen ausgleichen, die strikteren $CO_2$-Vorgaben unterliegen [32].

Zum anderen wird ein vollkommen neues EU-ETS II für die Sektoren Gebäude, Verkehr und kleine Industrie geschaffen. Diese Sektoren, bisher unter die Lastenverteilungsverordnung (LVV) fallend, werden damit ab 2024 in ein neues, dem EU-ETS I ähnliches EU-ETS II überführt. Die Einnahmen aus den beiden Emissionshandelssystemen sollen u. a. zur Finanzierung eines EU-Klima-Sozialfonds verwendet werden.

Wenn man die Ziele des EU-Green Deals einbezieht, dann stellen sich die Emissionsreduktionsprojektionen bis 2030 wie folgt dar:

Wie die Abb. 2.4 zeigt, bleibt das EU-Ziel zur Treibhausgasreduktion innerhalb des EU-ETS I bis 2030 ambitioniert und ohne zusätzliche Mittel kaum erfüllbar.

Der größte Teil des bisherigen Rückgangs der EU-EHS-Emissionen ist auf eine Verringerung der Emissionen aus der Verbrennung von Brennstoffen zurückzuführen, die hauptsächlich den Stromsektor betrifft. Dies spiegelt die laufende Dekarbonisierung des europäischen Energiesystems wider, die durch einen Wechsel von Kohle zu Gas und erneuerbaren Energien gekennzeichnet ist. Dieser Bereich trägt mit 60 % bei weitem am meisten zu den ETS-Emissionen bei, was erklärt, warum die Verringerung in diesem Sektor für den größten Teil des Emissionsrückgangs in den letzten zehn Jahren verantwortlich ist. Die Emissionen aus „Verbrennung von Brennstoffen" sind 2022 leicht angestiegen, was zum Teil mit den hohen Gaspreisen und der geringen Produktion aus Wasserkraft und Kernenergie zusammenhängt, die den Einsatz kohlenstoffreicher Brennstoffe (wie Kohle) im Stromsektor begünstigten.

Die ETS-Emissionen der Industrie zeigen ein gemischtes Bild. Insgesamt sind die Industrieemissionen seit 2013 leicht zurückgegangen, was u. a. auf den Rückgang aus dem Eisen- und Stahlsektor zurückzuführen ist. Im Jahr 2022 sind die Emissionen von Zement, Eisen und „anderen Sektoren" deutlich zurückgegangen, was den leichten Anstieg im Energiesektor und bei den Raffinerien ausgleicht.

Die von den teilnehmenden Ländern vorgelegten Projektionen für die Emissionspfade bis 2030 auf der Grundlage eines Szenarios „mit bestehenden Maßnahmen" („with existing measures") zeigen, dass die Emissionen aus dem stationären EHS im Jahr 2030 voraussichtlich ein Emissionsniveau erreichen werden, das 55 % unter dem Niveau von 2005 liegt. Das ehrgeizigere Szenario „mit zusätzlichen Maßnahmen" („with additional measures") sieht eine Verringerung um 59 % gegenüber 2005 vor. Das ETS-Ziel der EU reicht immer noch etwas weiter als das Szenario mit den ehrgeizigeren Projektionen. Es wird erwartet, dass der Energiesektor und in geringerem Maße die verarbeitende Industrie den größten Teil der prognostizierten Verringerung der ETS-Emissionen ausmachen werden. Dies zeigt, dass die EU mit starken, entschlossenen und kontinuierlichen Anstrengungen eine Chance hat, ihr ETS-Ziel zu erreichen. Es sei jedoch darauf hingewiesen, dass die Projektionen den neuen Anwendungsbereich des EU-ETS noch nicht vollständig berücksichtigen.

## 2.6 Bestimmung Zertifikatsmenge

Betreiber von handelspflichtigen Anlagen dürfen Treibhausgase emittieren, nachdem sie Zertifikate zugeteilt bekommen haben. Diese Zuteilung kann entweder kostenlos oder durch Auktionen erfolgen [34]. Unternehmen müssen ihre kompletten Treibhausgas-Emissionen durch Zertifikate abdecken.

Die Anzahl der handelbaren Berechtigungen bzw. Zertifikate wird zu jeder Handelsperiode neu festgelegt. Die Festlegung beruht auf den jährlichen Emissionszielen, die bestimmen, wie viel ein Sektor maximal emittieren darf. Die Summe dieser Ziele ergibt die Gesamtkapazität des EU-ETS für jede Periode, bekannt als „Cap", welche die maximale zulässige Emissionsmenge pro Jahr im System angibt.

Um das Ausgangsniveau während der vierten Handelsperiode zu reduzieren und die Emissionsminderungsziele bis 2030 zu erreichen, wurde der Reduktionspfad ambitionierter ausgestaltet: Wie bereits im Rahmen des Fit-for-55-Pakets beschrieben, ist bis zum Ende der vierten Handelsperiode eine Minderung der Gesamtemissionen um 62 % bis zum Jahr 2030 im Vergleich zum Referenzjahr 2005 angestrebt [35, 36]. Um das neue Ziel zu erreichen, wurde der lineare Reduktionsfaktor von bisher 2,2 % ab 2024 auf 4,3 %, und ab 2028 auf 4,4 % erhöht. Wenn man diesem Reduktionspfad folgt, so wird im Jahr 2038 die Anzahl der im EU-ETS I befindlichen Zertifikate auf null geschrumpft sein. Das bedeutet im Klartext, dass – Stand heute – dann keine weiteren neuen Zertifikate mehr in den Markt gebracht werden und allenfalls noch vorhandene und auf Vorrat befindliche Zertifikate im Markt gehandelt werden.

## 2.7 Kostenlose Zertifikatsvergabe

Wie bereits mehrfach erwähnt, wurden die meisten Zertifikate in den Anfangsjahren kostenlos an die Emittenten verteilt. Dies war ein politischer Kompromiss, um die betroffenen Sektoren schrittweise an den Emissionshandel heranzuführen und die Akzeptanz für den $CO_2$-Preis zu erhalten. Seit der dritten Handelsperiode erfolgt eine vermehrte Vergabe durch Auktionen. Die EU bevorzugt grundsätzlich auktionsbasierte Zertifikatsvergabe, um Anreize zur Emissionsreduktion zu setzen. Allerdings kann ein hoher Zertifikatspreis die Wettbewerbsfähigkeit der europäischen Industrie beeinträchtigen und zu Carbon Leakage führen. Deshalb erhalten Industrie- und Wärmeerzeuger eine jährlich abnehmende kostenlose Zuteilung basierend auf strengen EU-weiten Benchmarks [37]. Nicht mehr die historisch ausgestoßenen Emissionen jeder einzelnen Anlage sind die Basis für die Berechnung der Zertifikatsmenge, sondern das Prinzip der am besten verfügbaren Technologie oder „best available technology". Mit anderen Worten: Die Zuteilung von Zertifikaten eines Kohlekraftwerks erfolgt

## 2.7 Kostenlose Zertifikatsvergabe

nicht länger auf Basis der bislang ausgestoßenen $CO_2$-Menge, sondern gemessen an dem Maßstab, wie hoch im Vergleich der Ausstoß eines modernen und effizienten Kohlekraftwerks der gleichen Größenordnung ist. Letzteres gilt als Vergleichsmaßstab oder auch als „Benchmark". Die Benchmarkanlagen werden dabei anhand der Durchschnittsleistung der jeweils 10 % der effizientesten Anlagen eines Sektors bzw. Teilsektors ermittelt [38, 39]. So werden die effizientesten Anlagen bevorzugt:

> „Die Produkt-Benchmarks definieren, wie viel $CO_2$-Äquivalent die effizientesten Anlagen bei der Herstellung einer Tonne Produkt (z. B. einer Tonne Aluminium) emittieren. Die Zuteilungsmenge wird damit in der Regel über die Produktionsmenge, multipliziert mit dem Benchmark, berechnet. Die Jahre 2021 bis 2030 sind in zwei Teilperioden unterteilt, für die jeweils konstante Benchmarks gelten. … Dabei gelten folgende Regelungen: Sofern Produkte hergestellt werden, bei denen ein erhebliches so genanntes Carbon-Leakage-Risiko angenommen wird, gibt es für die Produktionsanlagen eine weitgehend kostenlose Zuteilung – 100 % bezogen auf die oben beschriebenen Produkt-Emissionswerte, d. h. die Emissionsmenge bei effizienter Produktion. Welche Produkte diesem Risiko unterliegen, wird von der Europäischen Kommission in einer sog. Carbon-Leakage-Liste festgelegt. Für Produkte, die nicht auf der Liste stehen, werden bis 2025 30 % der Emissionsmenge bei effizienter Produktion (der Produkt-Emissionswerte) gewährt; ab 2026 sinkt die Zuteilung dagegen linear auf 0 % im Jahr 2030, d. h. dann erfolgt für diese Anlagen keine kostenlose Zuteilung mehr …" [40].

Ab 2026 wird die allgemeine Zuteilung von Emissionszertifikaten an ortsfeste Anlagen an einen neuen Mechanismus gekoppelt. Die Zuteilung hängt von Investitionen in Energieeffizienztechnologien und Emissionsreduktion ab, besonders für Energiegroßverbraucher. Ein Fokus liegt auf Anlagen mit hoher Treibhausgasemissionsintensität. Daher müssen ab 2026 die 20 % der Anlagen mit höchster Emissionsintensität einen Produktbenchmark erfüllen, um kostenlose Zertifikate zu erhalten [41, 42].

Betreiber von handelspflichtigen Anlagen in der Fernwärme haben die Möglichkeit, kostenlose Zertifikate übergangsweise zu beantragen, wenn die eingesparten Kosten in Investitionen zur Dekarbonisierung der eigenen Infrastruktur getätigt werden. Damit die kostenlose Zuteilung jedoch möglich ist, sollte die Ausgabe der kostenlosen Zertifikate in Relation zu den getätigten Investitionen und der erzielten Emissionsminderung stehen. Grundlage hierfür sind u. a. zu erstellende Klimaneutralitätspläne der jeweiligen Anlage. Diese Pläne mussten bis zum 1. Mai 2024 erstellt werden und den Anforderungen nach Art. 10b Abs. 4 EU 2023/959 [43] entsprechen.

Der Anteil kostenloser Zertifikate kann auch gekürzt werden, wenn z. B. eine Anlage, die ein Energieaudit oder ein Energiemanagementsystem erfordert, die Empfehlungen nicht umsetzt. In diesem Fall wird die Zuteilung um 20 % reduziert, wenn die Empfehlung sich innerhalb von drei Jahren amortisiert hätte (Art. 10a EU 2023/959). Diese Kürzung entfällt, wenn die Investition unverhältnismäßig gewesen wäre oder alternative Maßnahmen mit dem gleichen Reduktionseffekt umgesetzt wurden. Ebenso entfällt eine pauschale Kürzung von 20 % für Anlagen, die den 80-Perzentil-Emissionswert überschreiten und keinen Klimaneutralitätsplan vorgelegt haben oder ein Zwischenziel aus dem Transformationsplan nicht erfüllen [44, 45].

Perspektivisch soll die kostenlose Zuteilung von Zertifikaten für Unternehmen mit hohem Carbon-Leakage-Risiko auslaufen und durch den $CO_2$-Grenzausgleichsmechanismus (CBAM) ersetzt werden. Ein Übergangspfad sieht vor, dass die kostenlose Zuteilung von Zertifikaten schrittweise bis 2034 auf null reduziert wird.

Ende 2023 betrug der Überschuss an Emissionsberechtigungen im EU-ETS EU-weit rund 1,11 Mrd. Zertifikate. Zum Vergleich: Im Jahr 2013 war diese Summe noch doppelt so hoch [46]. Was bedeutet dies? Das bedeutet, dass Anlagenbetreiber ein Zertifikat für 0 € erhalten haben, das sie nun in ihrem Bestand haben und das jetzt, ohne ihr Zutun gut 71 € Wert ist. Das bedeutet, in der EU waren zum Zeitpunkt 2023 Zertifikate im Wert von mehr als 71 Mrd. € bei Emittenten gelagert und große Treibhausgasemittenten können mit den ihnen kostenlos zugeteilten Zertifikaten jetzt ein lukratives Geschäft machen. Sie ahnen, dass dies nichts mit einem wirklichen Markt zu tun hat? Die Abb. 2.5 verdeutlicht den Mechanismus der kostenlosen Zuteilung von Zertifikaten noch einmal für die betroffenen Sektoren:

Wie Abb. 2.5 zeigt, wurde der Großteil das EU-ETS Zertifikate zwischen 2005 und 2018 kostenlos zugeteilt. Der Europäische Rechnungshof hat in einer 2020 geprüft, „ob die Beschlüsse über die kostenlose Zuteilung von EU-EHS-Zertifikaten eine angemessene Grundlage darstellten, um Anreize für die Reduzierung von Treibhausgasemissionen zu schaffen" [48]. Er kommt zu dem Ergebnis, dass es für den Mechanismus einer kostenlosen Zuteilung zwar durchaus gute Gründe gäbe. Allerdings mahnt das Gremium an, dass die Praxis der kostenlosen Zuteilung jedoch nicht gezielt erfolge. Ein gezielterer Einsatz hätte für die „Dekarbonisierung, die öffentlichen Finanzen und das Funktionieren des Binnenmarktes" [49] eine Reihe von Vorteilen erbracht. Der Rechnungshof kommt zu dem Schluss, dass

## 2.7 Kostenlose Zertifikatsvergabe

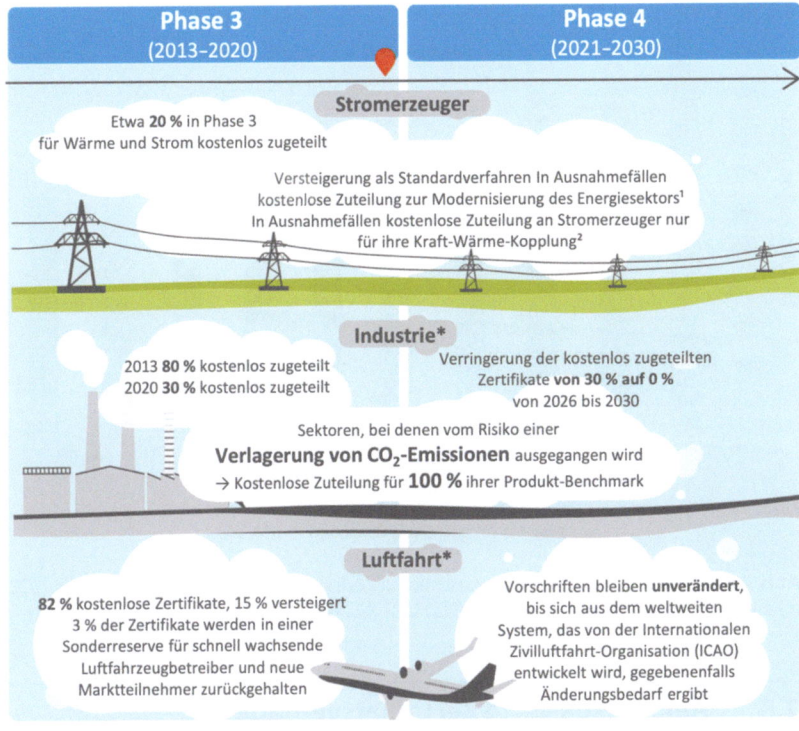

**Abb. 2.5** Anteil der kostenlosen Zertifikate in den einzelnen Sektoren und Phasen. (Quelle: Europäischer Rechnungshof (2020) auf der Grundlage der Rechtsvorschriften zum EU-ETS [47], CC BY 4.0 – Creative Commons Lizenz)

kostenlose Zertifikate nur in Ausnahmefällen zugeteilt werden sollten. In Phase III und Phase IV belief sich der Anteil der kostenlosen Zertifikate dennoch auf mehr als 40 % der Gesamtzahl der verfügbaren Zertifikate [50]. In Deutschland wurden 2023 ca. 125 Mio. kostenlose Zertifikate an 1571 der insgesamt 1725 emissionshandelspflichtigen Anlagen zugeteilt (Abb. 2.6 zeigt die Entwicklung der kostenlosen Zertifikate zwischen 2013 und 2022) [51].

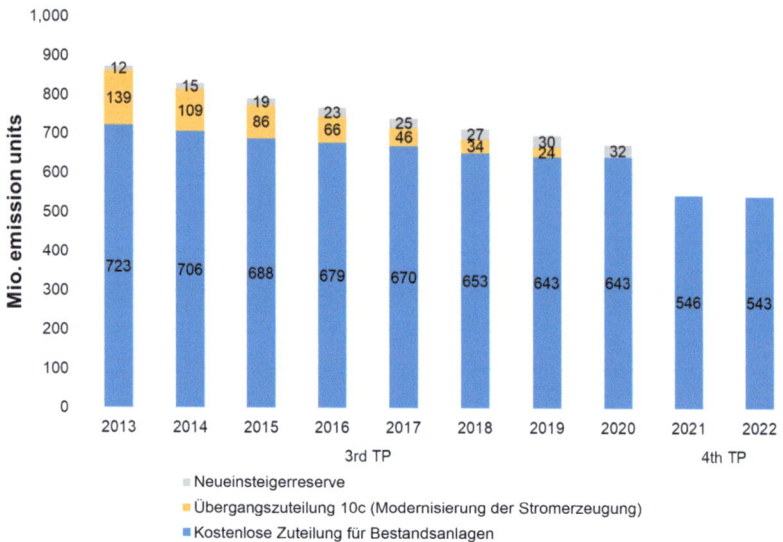

**Abb. 2.6** Entwicklung der Menge an kostenlosen Zertifikaten im EU-ETS I von 2013 bis 2022. (Quelle: Europäische Umweltagentur (2023) [52], CC BY 4.0 – Creative Commons Lizenz)

## 2.8 Auktionsbasierte Zertifikatsvergabe

Die auktionsbasierte Zertifikatsvergabe durch die einzelnen Mitgliedstaaten erlangt eine zunehmende Bedeutung. Die Auktion von $CO_2$-Zertifikaten im EU-Emissionshandelssystem ist ein Prozess, in dem die teilnehmenden Anlagen die Möglichkeit haben, zusätzliche Emissionszertifikate zu erwerben, um ihre Emissionsverpflichtungen zu erfüllen oder überschüssige Zertifikate zu verkaufen, wenn sie ihre Ziele übertreffen. Die Auktionen finden regelmäßig statt und werden von den EU-Mitgliedstaaten organisiert [53, 54].

Die Auktionen werden über eine elektronische Plattform durchgeführt, die von den nationalen Auktionsstellen in den EU-Mitgliedstaaten eingerichtet wird. Die Plattform ermöglicht es den Teilnehmenden, Gebote für die angebotenen $CO_2$-Zertifikate abzugeben. Die nationalen Auktionsstellen stellen eine bestimmte Anzahl von $CO_2$-Zertifikaten zur Versteigerung bereit. Die Auktionspläne werden im Voraus bekannt gegeben und geben an, wann und wie viele Zertifikate versteigert werden.

Die Auktionen können täglich, wöchentlich oder monatlich stattfinden, je nach den nationalen Regelungen. Die Auktionen folgen festgelegten Regeln, um sicherzustellen, dass der Prozess fair und transparent abläuft. Die Bieter können ihre Gebote entweder als Höchstpreis (pay-as-bid) oder als niedrigeren Preis (pay-as-clear) abgeben. Bei pay-as-clear erhalten alle erfolgreichen Bieter den gleichen Preis, der dem niedrigsten erfolgreichen Gebot entspricht [55]. Am Ende der Auktion werden die Ergebnisse bekannt gegeben, und die erfolgreichen Bieter:innen erhalten die $CO_2$-Zertifikate zum vereinbarten Preis.

Die Einnahmen aus den Auktionen fließen den nationalen Regierungen zu. Sie können die Einnahmen für verschiedene Zwecke verwenden, wie beispielsweise für den Ausbau erneuerbarer Energien oder zur Förderung von Energieeffizienzmaßnahmen.

Handelsplätze von Berechtigungen/Zertifikaten (EUA, EUAA) sind u. a. in Amsterdam (ICE Index) und in Leipzig (EEX) zu finden. Der Handel kleinerer Volumina ist aber auch anderen Handelsplätzen möglich. Der außerbörsliche Handel nimmt ebenfalls eine bedeutende Rolle ein. Die (initialen) Auktionen der Zertifikate durch die Mitgliedsstaaten finden derzeit ausschließlich an der EEX statt. Die Durchführung von Auktionen erfolgt nahezu täglich. Die regelmäßige Durchführung der Auktionen ermöglicht eine nahtlose Integration in den Markt. Dadurch spiegeln die in den Auktionen erzielten Preise das Niveau der Preise im kontinuierlichen Börsenhandel (Sekundärmarkt) wider [56].

## 2.9 Das Unionsregister und die Deutsche Emissionshandelsstelle

Für die Verwahrung und den Handel mit Zertifikaten haben alle Teilnehmer;innen ein Konto im Unionsregister. Das Unionsregister stellt die Transparenz und Effizienz des Emissionshandelssystems sicher. Es ist ein elektronisches Register, das im Rahmen des EU-Emissionshandelssystems eingerichtet wurde. Es dient als zentrale Datenbank zur Verwaltung der $CO_2$-Emissionszertifikate und zur Überwachung des Handels mit Emissionsrechten in der Europäischen Union. Über das Konto laufen somit alle Transaktionen mit Berechtigungen, welche ausgegeben, gekauft, verkauft, gelöscht oder abgegeben werden. Der Betrieb des Registers übernehmen die Europäische Kommission und die EU-Mitgliedstaaten gemeinsam.

In Deutschland wird die Verwaltung der Konten durch die Deutsche Emissionshandelsstelle (DEHSt) ausgeführt [57]. In ihrer Funktion ist die DEHSt zuständig für die Umsetzung und Überwachung des Emissionshandelssystems in Deutschland, sowohl auf nationaler Ebene im Rahmen des Brennstoffemissionshandelsgesetzes (BEHG) als auch auf europäischer Ebene im Rahmen des Europäischen Emissionshandelssystems (EU-ETS). Die Behörde ist eine Abteilung des Bundesumweltamtes und weiterhin verantwortlich für die Verwaltung von Emissionszertifikaten, die Überwachung von Emissionsdaten und die Umsetzung der gesetzlichen Bestimmungen im Zusammenhang mit dem Emissionshandel [58, 59].

In Summe übernimmt das Unionsregister fünf wichtige Eigenschaften.

1. Die Gewährleistung einer ordnungsgemäßen Zuteilung von Emissionszertifikaten: Das Register stellt sicher, dass die korrekte Menge an Zertifikaten gemäß den nationalen Allokationsplänen und den EU-Richtlinien verteilt wird.
2. Die Verfolgung von Emissionen: Das Register überwacht die Emissionen der teilnehmenden Anlagen und speichert die gemeldeten Emissionsdaten. Dies ermöglicht es, den Fortschritt bei der Einhaltung der Emissionsziele zu verfolgen und sicherzustellen, dass die Anlagen ihre Verpflichtungen erfüllen.
3. Die Überwachung des Handels. Das Register verfolgt den Handel mit Emissionszertifikaten zwischen den Teilnehmern. Es registriert jede Transaktion und stellt sicher, dass die Emissionszertifikate korrekt übertragen werden.
4. Sicherheitsfunktion: Das Register verfügt über Sicherheitsmaßnahmen, um sicherzustellen, dass die Daten und Transaktionen geschützt sind und nicht manipuliert werden können. Dadurch wird die Integrität des Emissionshandelssystems gewährleistet [60].

## 2.10 Marktstabilitätsreserve im EU-ETS I – der Korrekturmechanismus

Wiederholt haben wir sie anklingen lassen, nun also die etwas ausführlichere Erläuterung der Marktstabilitätsreserve (MSR). Sie bezeichnet den Mechanismus im ETS, der dazu dient, einen Überschuss oder eine Knappheit an Zertifikaten zu beseitigen. Entweder werden überschüssige Zertifikate in Zeiten des Überschusses aus dem Markt genommen oder in Zeiten der Knappheit wieder freigegeben. Ziel des Instruments ist es auch, zukünftig flexibler und regelbasiert auf Angebots- und Nachfrageschocks zu reagieren.

Die MSR wurde im Jahr 2019 als Teil der Überarbeitung des EU-ETS gemäß der Richtlinie (EU) 2018/410 [61] eingeführt und ist seit Beginn der vierten Handelsperiode (2021–2030) aktiv. Die Funktion der Marktstabilitätsreserve besteht darin, das Angebot an $CO_2$-Emissionszertifikaten auf dem Markt zu steuern, um den Preis von $CO_2$ und die Gesamtmenge der Zertifikate im Umlauf zu regulieren. Dies wird erreicht, indem überschüssige Zertifikate entnommen oder zusätzliche Zertifikate in den Markt zurückgeführt werden, je nachdem, wie sich das Gleichgewicht von Angebot und Nachfrage entwickelt.

Der Grundstein für die MSR wurde in der dritten Handelsperiode gelegt, da das hohe Angebot an Zertifikaten – ca. 2,2 Mrd. Zertifikate zu viel im Markt – zu einem zu geringen Marktpreis führte. Auch das Backloading, das in der Handelsperiode III eingeführt wurde, hatte nur bedingt für eine Stabilisierung der Preise gesorgt.

## 2.10 Marktstabilitätsreserve im EU-ETS I – der Korrekturmechanismus

Wie nun wurde durch das MSR eine Verbesserung geschaffen? Im Falle einer Über- oder Unterdeckung von Zertifikaten am Markt greift der MSR am Markt ein. Liegt eine Unterdeckung vor, werden zusätzliche Zertifikate emittiert. Bei einer Überdeckung werden Zertifikate zurückgehalten oder aus dem Markt gezogen. Zur Bestimmung einer Über- oder Unterdeckung ist die amtliche Umlaufmenge von Zertifikaten, die sog. „total number of allowances in circulation" – kurz TNAC als Ausgangsbasis zu bestimmen. Diese wird von der Europäischen Kommission jährlich neu ermittelt. In die TNAC werden auch die Emissionen des Luft- und Seeverkehrs berücksichtigt.

Und so funktioniert es: Liegt die Umlaufmenge der TNAC über den oberen Schwellenwert von 833 Mio. Zertifikaten, so werden diese überschüssigen Zertifikate in die MSR überführt. Jetzt wird es etwas komplizierter: Die Kürzung von 24 % findet immer dann Anwendung, wenn mehr als 1096 Mio. Zertifikate im Umlauf sind. Sind weniger als 1096 Mio. Zertifikate im Umlauf, aber mehr als 833 Mio., so erfolgt eine Kürzung um die Differenz der Umlaufmenge zu 833 Mio..

Die Menge der in der MSR gehaltenen Berechtigungen wird künftig auf maximal 400 Mio. Zertifikate begrenzt. Sinkt die Umlaufmenge auf unter 400 Mio. Zertifikate ab, so werden 100 Mio. zusätzliche Zertifikate versteigert, sofern die bestehende Reserve der MSR ausreichend ist.

Um dauerhafte Überschüsse, wie in den vergangenen Handelsperioden zu vermeiden, werden in der MSR ab 2023 nur noch so viele Zertifikate zurückgehalten, wie im Auktionszeitraum des Vorjahres ausgegeben wurden. Alle anderen Zertifikate in der MSR werden dauerhaft gelöscht [62, 63]. Diese Karte wurde erstmals 2023 gezogen, in dem rund 2,5 Mrd. Zertifikate gelöscht wurden [64].

Als neues zusätzliches Instrument ab 2024 kann die MSR weitere Zertifikate in Höhe von max. 75 Mio. einmal jährlich freigeben, wenn der versteigerte Zertifikatspreis mehr als das 2,4-fache des Durchschnittspreises der Auktionen der letzten zwei Jahre entspricht. Hier greift also der Schutzmechanismus vor plötzlichen Preissprüngen.

Die Abb. 2.7 verdeutlicht den MSR-Mechanismus in vereinfachter Form.

Fazit: Die Marktstabilitätsreserve hat Wirkung gezeigt. Die in der zweiten und dritten Handelsperiode angehäuften Überschüsse sind durch die MSR schrittweise abgebaut worden. Dennoch ist das Problem der Überallokation noch nicht vollständig vom Tisch. Insgesamt wurde das Volumen der zur Versteigerung vorgesehenen Zertifikate zwischen 2019 und 2023 EU-weit um über 1,7 Mrd. EUA reduziert. Deutschland trug dazu mit einer Kürzung von rund 400 Mio. EUA bei. Trotz dieser umfassenden Maßnahmen liegt die Gesamtmenge der verfügbaren Zertifikate (TNAC) aktuell (Stand: 2024) noch bei 1,11 Mrd. EUA – und damit weiterhin über dem Schwellenwert von 833 Mio. EUA, ab dem Auktionsmengen

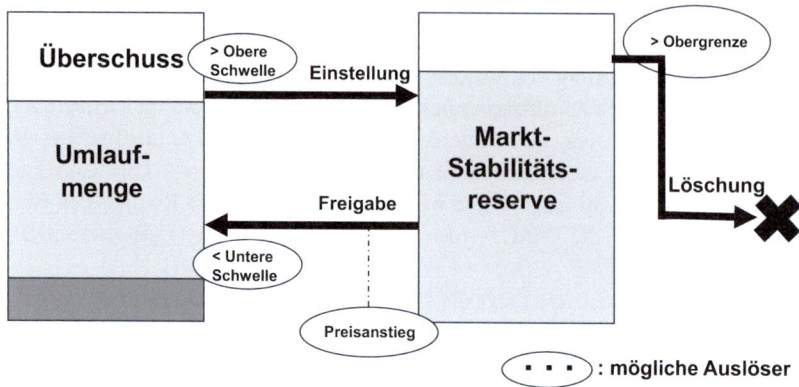

**Abb. 2.7** Funktionsprinzip der Marktstabilitätsreserve im EU ETS I. (Quelle: Eigene Darstellung)

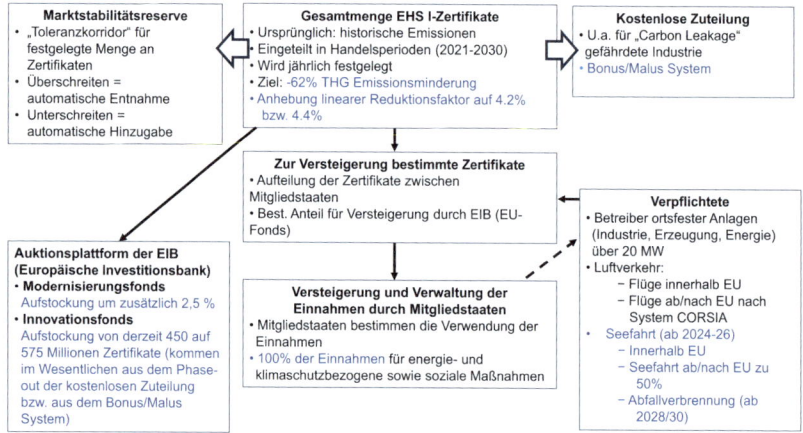

**Abb. 2.8** Überblick über die Zusammenhänge des EU ETS I. (Quelle: Stiftung Umweltenergierecht (2024) [65], CC BY 4.0 – Creative Commons Lizenz)

gekürzt werden. Auch der Wert von 1,096 Mrd. EUA, oberhalb dessen eine maximale Kürzung von 24 % greift, wird überschritten. Dies ist auf den starken Rückgang der Emissionen im Jahr 2023 zurückzuführen.

Die Abb. 2.8 fasst die unterschiedlichen Mechanismen und die Zusammenhänge zwischen Einnahmen und Ausgaben im EU-ETS I zusammen:

## 2.11 Zwischenfazit und Realitätscheck: Hält das EU-ETS I was es verspricht?

Wie weit sind wir also gekommen in der EU in Bezug auf die Reduktion der Emissionen im EU-ETS I? Wie die Abb. 2.9 zeigt, hat das EU-ETS I mit seiner Einführung im Jahr 2005 EU-weit zu einem deutlichen Reduktionrückgang geführt. Die wichtigsten Triebkräfte für die langfristigen Verringerungen waren ein steigender $CO_2$-Preis und damit in Verbindung gestiegene Brennstoffpreise, die eine Abkehr von $CO_2$-intensiver Kohle begünstigt haben. Dennoch bleibt festzuhalten, dass Braunkohle- und Steinkohlekraftwerke hauptsächlich in Deutschland und Polen weiterhin die größten Emittenten im EU-ETS darstellen [66].

Maßgeblich zur Reduktion der Emissionen hat der Ausbau erneuerbarer Energien beigetragen, die die Dekarbonisierung des Stromsektors vorantreiben. Auch die geringere Energienachfrage hat eine wichtige Rolle gespielt, die sich aus der Einführung von Energieeffizienzmaßnahmen, dem Rückgang der Nachfrage nach bestimmten Industrieprodukten und globalen Ereignissen wie der Wirtschaftskrise 2008 und der Covid-19-Pandemie ergab. Die Daten für 2022 zeigen einen leichten Rückgang der Emissionen aus ortsfesten Anlagen um 24 Megatonnen $CO_2$ nach dem Wiederanstieg von 2021. Unter klimapolitischen Gesichtspunkten ist das Jahr 2023 ein herausragender Erfolg für das EU-Emissionshandelssystem, denn es verzeichnete einen Rückgang der Emissionen um 16,5 % – den stärksten Rückgang seit seiner Einführung im Jahr 2005 [67].

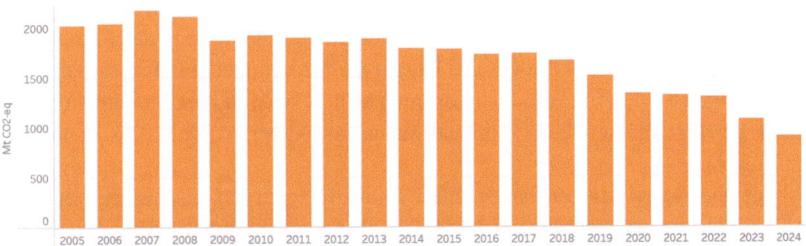

**Abb. 2.9** EU-weite Emissionsreduktion im EU-ETS I Sektor (nur stationäre Anlagen, ohne Flugverkehr) zwischen 2005 und 2023. 2023: Schätzwerte. (Quelle: Europäische Umweltagentur (2024) [68], CC BY 4.0 – Creative Commons Lizenz)

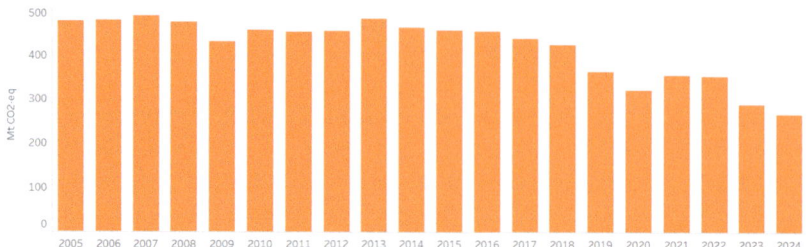

**Abb. 2.10** Emissionsreduktion in Deutschland im EU-ETS I Sektor (nur stationäre Anlagen, ohne Flugverkehr) zwischen 2005 und 2023. 2023: Schätzwerte. (Quelle: Europäische Umweltagentur (2024) [69], CC BY 4.0 – Creative Commons Lizenz)

Wenn man sich den historischen Emissionsreduktionspfad Deutschlands anschaut, dann wird bei Vergleich der Abb. 2.9 und der Abb. 2.10 nicht nur deutlich, welch hohen Anteil Deutschland als Industrienation an den Gesamtemissionen im EU-ETS I hat, nämlich gut ein Viertel. Es wird auch deutlich, dass sich die jährlichen Emissionspfade fast gleichlaufend entwickeln, was unter anderem auf eine relativ parallele wirtschaftliche Entwicklung in der EU hindeutet. Auch erkennbar ist, dass eine Emissionsreduktion nicht immer auf $CO_2$-einsparende Maßnahmen zurückzuführen ist. Vielmehr führen wirtschaftliche Krisen und in deren Zuge der Einbruch der industriellen Produktion ebenfalls zu einem Rückgang des $CO_2$-Ausstoßes, wie z. B. während der Covid-19 Pandemie.

Die schrittweise Abschaffung der kostenlosen Zertifikate erhöht die Einnahmen aus dem EU-ETS. Das EU-Emissionshandelssystem ist heute eine wichtige Finanzierungsquelle für die grüne Transformation und wird in Zukunft voraussichtlich noch wichtiger werden. Infolge der hohen EUA-Preise in den Jahren 2022 und 2023 überstieg das Budget der letzten Aufforderungen zur Einreichung von Vorschlägen für den Innovationsfonds um 3 Mrd. €, während der Modernisierungsfonds gestärkt und auf neue Empfänger:innen ausgedehnt wurde [70] (s. mehr dazu in Kap. 4).

Welche Auswirkungen haben diese Entwicklungen auf das, worum es ja in einem Markt zentral geht – auf die Preise? Was man anhand der Abb. 2.11 an der Entwicklung der Zertifikatspreise klar erkennen kann, ist, dass die politische Weiterentwicklung der EU-ETS-Richtlinie Wirkung zeigt. Angefangen von der Einführungsphase 2005, in der zum Teil stark schwankende Preise für $CO_2$-Zertifikate zu beobachten waren mit einem leichten Schwenk nach oben während der

## 2.11 Zwischenfazit und Realitätscheck: Hält das EU-ETS I was es verspricht?

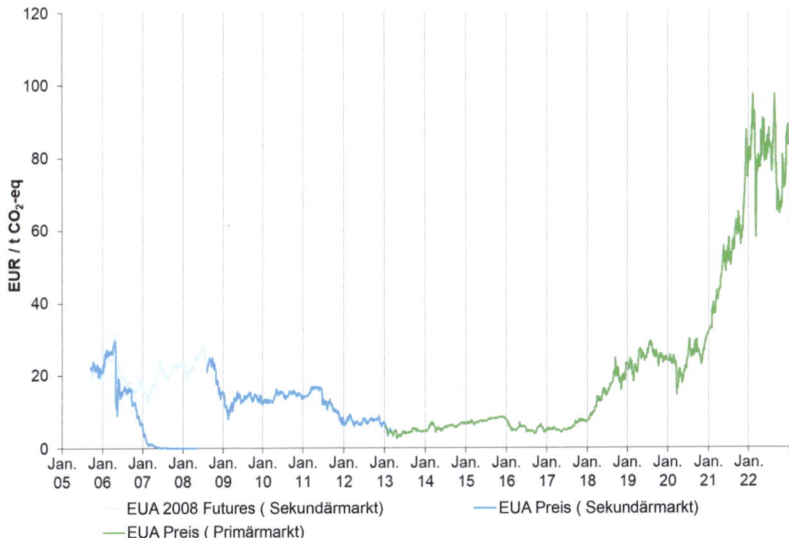

**Abb. 2.11** Preisentwicklung von EU-ETS Zertifikaten zwischen 2005 und 2024. (Quelle: Nissen, C.; Gores, S.; Healy, S.; Hermann, H. ). Trends and projections in the EU ETS in 2023. The EU Emissions Trading System in numbers (2023) [71], CC BY 4.0 – Creative Commons Lizenz)

weltweiten Finanzkrise 2008 und 2009, gab es in den 2010er-Jahren Zeiten, in denen die EUAs für unter 4 € gehandelt wurden. Nach der Novellierung 2018 für die vierte Handelsperiode stieg der Preis für Zertifikate dann merklich und lag Ende Dezember 2018 bei über 20 € pro EUA. Dies ist ab 2019 auf ein geringeres Auktionsangebot an Zertifikaten zurückzuführen, da die MSR in Betrieb genommen wurde und Zertifikate vom Markt genommen wurden, sowie auf die Aussetzung der Versteigerungen im Namen des Vereinigten Königreichs im Zuge der Brexit-Verhandlungen. Die nächste Delle nach unten hängt mit dem Ausbruch der Covid-19 Pandemie 2020 zusammen. Mit der Befürchtung, die industrielle Produktion auf lange Sicht stilllegen zu müssen und auch dem realen Rückgang der Industrieproduktion durch die Lockdowns emittierten vor allem die industriellen Anlagen weniger, was zu einem höheren Angebot an Zertifikaten im Markt führte und in deren Folge den Preis pro EUA auf 14,60 € sinken ließ. Eine Pandemie derartigen Ausmaßes war ein Novum, das zu hoher Unsicherheit nicht nur auf dem $CO_2$-Markt führte. Im Laufe des Jahres 2020 erholte sich der Preis mit den wachsenden Erkenntnissen über die Pandemie und ersten Lockerungen. In der Folge zog der Zertifikatepreis an, bis er mit dem Beginn des Krieges in der Ukraine erneut vorübergehend sank, wenn auch auf deutlich höherem Niveau. Denn inzwischen war der Durchschnittspreis im Jahr 2022 auf 80 € pro EUA gestiegen. Dieser Preisanstieg spiegelt die derzeit hohen Kosten für den Brennstoffwechsel von Kohle zu Gas und die Erwartung wider, dass das Angebot an Zertifikaten durch den höheren Reduktionsfaktor langfristig reduziert wird. Erstmals am 21.02.2023 stieg der Preis pro EUA erstmals auf über 100 € pro t [72].

Was wir als Zwischenfazit vorschlagen möchten ist die Feststellung, dass Märkte in ihrer Entwicklung nicht nur durch ihre regulatorische „interne" Gestaltung maßgeblich geprägt werden, der EU-ETS Markt z. B. durch die Weiterentwicklung innerhalb der beschriebenen vier Handelsperioden. Vielmehr unterliegen Märkte aber auch externen Einflüssen, wie z. B. Finanzkrisen oder gar Kriege, was ihre Vorhersagbarkeit mitunter schwierig gestaltet.

Bereits 2022 hatte die Bundesregierung mehrere Millionen Euro für Emissionsrechte an Bulgarien, Tschechien und Ungarn für seine verfehlte Klimapolitik besonders im Verkehrs- und Gebäudebereich zwischen 2013 und 2020 gezahlt [73]. Diese drei Länder hatten ihre Reduktionsziele übererfüllt und konnten daher Rechte an Deutschland abgeben.

## Literatur

1. DEHSt (2017). Grundlagen. Abgerufen am 15.01.2024 von https://www.dehst.de/DE/Europaeischer-Emissionshandel/EU-Emissionshandel-verstehen/Grundlagen/grundlagen-des-emissionshandels_node.html
2. EUR-Lex (2003). Richtlinie des Europäischen Parlaments und des Rats vom 13. Oktober 2003 über ein System für den Handel mit Treibhausgasemissionszertifikaten in der Gemeinschaft und zur Änderung der Richtlinie 96/61/EG des Rates. Abgerufen am 15.07.2024 von https://eur-lex.europa.eu/legal-content/DE/TXT/PDF/?uri=CELEX:32003L0087&from=NL
3. DEHSt (2017). Grundlagen. Abgerufen am 15.07.2024 von https://www.dehst.de/DE/Europaeischer-Emissionshandel/EU-Emissionshandel-verstehen/Grundlagen/grundlagen-des-emissionshandels_node.html
4. DEHSt (2022). Ausgestaltung EU-ETS. Abgerufen am 20.06.2024 von https://www.dehst.de/DE/Europaeischer-Emissionshandel/EU-Emissionshandel-verstehen/Ausgestaltung-des-EU-ETS/ausgestaltung-des-eu-ets_node.html
5. DEHSt (2023). Treibhausgasemissionen 2022. Abgerufen am 17.06.2024 von https://www.dehst.de/SharedDocs/downloads/DE/publikationen/VET-Bericht-2022_Summary.pdf?__blob=publicationFile&v=3

# Literatur

6. DEHSt (2022). Ausgestaltung EU-ETS. Abgerufen am 20.06.2024 von https://www.dehst.de/DE/Europaeischer-Emissionshandel/EU-Emissionshandel-verstehen/Ausgestaltung-des-EU-ETS/ausgestaltung-des-eu-ets_node.html
7. Europäische Umweltagentur (2024). EU Emissions Trading System (ETS) data viewer. Abgerufen am 01.08.2024 von https://www.eea.europa.eu/data-and-maps/dashboards/emissions-trading-viewer-1
8. DEHSt (2024). Emissionssituation im Europäischen Emissionshandel. 2023. Emissionshandelspflichtige stationäre Anlagen und Luftverkehr in Deutschland. Abgerufen am 18.07.2024 von https://www.dehst.de/SharedDocs/downloads/DE/publikationen/VET-Bericht-2023.pdf?__blob=publicationFile&v=4
9. DEHSt (2024). Emissionssituation im Europäischen Emissionshandel. 2023. Emissionshandelspflichtige stationäre Anlagen und Luftverkehr in Deutschland. Abgerufen am 18.07.2024 von https://www.dehst.de/SharedDocs/downloads/DE/publikationen/VET-Bericht-2023.pdf?__blob=publicationFile&v=4
10. DEHSt (2022). Ausgestaltung EU-ETS. Abgerufen am 20.01.2024 von https://www.dehst.de/SharedDocs/downloads/DE/publikationen/VET-Bericht-2023.pdf?__blob=publicationFile&v=2
11. DEHSt (2024). Emissionssituation im Europäischen Emissionshandel. 2023. Emissionshandelspflichtige stationäre Anlagen und Luftverkehr in Deutschland. Abgerufen am 18.07.2024 von https://www.dehst.de/SharedDocs/downloads/DE/publikationen/VET-Bericht-2023.pdf?__blob=publicationFile&v=4
12. DEHSt (2024). Emissionssituation im Europäischen Emissionshandel 2023. Emissionshandelspflichtige stationäre Anlagen und Luftverkehr in Deutschland. Abgerufen am 17.07.2024 von https://www.dehst.de/SharedDocs/downloads/DE/publikationen/VET-Bericht-2022_Summary.pdf?__blob=publicationFile&v=3
13. Europäische Kommission (2023) Climate Action. Abgerufen am 15.06.2024 von https://climate.ec.europa.eu/eu-action/eu-emissions-trading-system-eu-ets/development-eu-ets-2005-2020_de
14. Europäische Kommission (2023) Climate Action. Abgerufen am 15.06.2024 von https://climate.ec.europa.eu/eu-action/eu-emissions-trading-system-eu-ets/development-eu-ets-2005-2020_de
15. Europäische Kommission (2023) Climate Action. Abgerufen am 15.06.2024 von https://climate.ec.europa.eu/eu-action/eu-emissions-trading-system-eu-ets/development-eu-ets-2005-2020_de
16. Europäische Kommission (2023) Climate Action. Abgerufen am 15.06.2024 von https://climate.ec.europa.eu/eu-action/eu-emissions-trading-system-eu-ets/development-eu-ets-2005-2020_de
17. DEHSt (2022). Ausgestaltung EU-ETS. Abgerufen am 20.06.2024 von https://www.dehst.de/DE/Europaeischer-Emissionshandel/EU-Emissionshandel-verstehen/Ausgestaltung-des-EU-ETS/ausgestaltung-des-eu-ets_node.html
18. EUR-Lex (2023). Richtlinie EU 2023/959 des Europäischen Parlaments und des Rates vom 10. Mai 2023 zur Änderung der Richtlinie 2003/87 EG über ein System für den Handel mit Treibhausgasemissionszertifikaten in der Union und des Beschlusses (EU) 2015/1814 über die Einrichtung und Anwendung einer Marktstabilitätsreserve für das System für den Handel mit Treibhausgasemissionszertifikaten in der Union. Abgerufen am 15.06.2024 von https://eur-lex.europa.eu/legal-content/DE/TXT/PDF/?uri=CELEX:32023L0959

19. Europäische Kommission (2023) Climate Action. Abgerufen am 15.06.2024 von https://climate.ec.europa.eu/eu-action/eu-emissions-trading-system-eu-ets/development-eu-ets-2005-2020_de
20. NextKraftwerke (2022). Wie funktioniert der Emissionshandel? Abgerufen am 15.06.2024 von https://www.next-kraftwerke.de/wissen/emissionshandel
21. NextKraftwerke (2022). Wie funktioniert der Emissionshandel? Abgerufen am 15.06.2024 von https://www.next-kraftwerke.de/wissen/emissionshandel
22. Europäische Union. Emission Report. Abgerufen am 15.06.2024 von https://op.europa.eu/webpub/eca/special-reports/emissions-trading-system-18-2020/img/de_fig03.svg
23. House of Commons (2018). Carbon Price Floor (CPF) and the price support mechanism. Briefing Paper, Nr. Number 05927, abgerufen am 22.08.2024 von https://researchbriefings.files.parliament.uk/documents/SN05927/SN05927.pdf
24. EUR-Lex (2018). Richtlinie (EU) 2018/410 des Europäischen Parlaments und des Rates vom 14. März 2018 zur Änderung der Richtlinie 2003/87/EG zwecks Unterstützung kosteneffizienter Emissionsreduktionen und zur Förderung von Investitionen mit geringem $CO_2$-Ausstoß und des Beschlusses (EU) 2015/1814. Abgerufen am 03.08.2024 von https://eur-lex.europa.eu/legal-content/DE/TXT/PDF/?uri=CELEX:32018L0410
25. Umweltbundesamt (2023). Der europäische Emissionshandel. Abgerufen am 15.06.2024 von https://www.umweltbundesamt.de/daten/klima/der-europaeische-emissionshandel#treibhausgas-emissionen-deutscher-energie-und-industrieanlagen-im-jahr-2021
26. Umweltbundesamt (2023). Der europäische Emissionshandel. Abgerufen am 15.06.2024 von https://www.umweltbundesamt.de/daten/klima/der-europaeische-emissionshandel#treibhausgas-emissionen-deutscher-energie-und-industrieanlagen-im-jahr-2021
27. Umweltbundesamt (2023). Der europäische Emissionshandel. Abgerufen am 15.06.2024 von https://www.umweltbundesamt.de/daten/klima/der-europaeische-emissionshandel#treibhausgas-emissionen-deutscher-energie-und-industrieanlagen-im-jahr-2021
28. DEHSt (2024). Steigerung der Klimaschutzambition: Anpassung von Cap und Marktstabilitätsreserve im EU-ETS 1. Abgerufen am 15.08.2024 von https://www.dehst.de/DE/Themen/EU-ETS-1/EU-ETS-1-Informationen/Reform-Perspektiven/Steigerung-Klimaschutzambition/steigerung-klimaschutzambition_artikel.html
29. EUR-Lex (2021). Verordnung (EU) 2021/1119 des Europäischen Parlaments und des Rates vom 30. Juni 2021 zur Schaffung des Rahmens für die Verwirklichung der Klimaneutralität und zur Änderung der Verordnungen (EG) Nr. 401/2009 und (EU) 2018/1999 („Europäisches Klimagesetz"). Abgerufen am 25.08.2024 von https://eur-lex.europa.eu/legal-content/DE/TXT/PDF/?uri=CELEX:32021R1119&from=FR
30. Umweltbundesamt (2023). Ausweitung des EU-ETS auf den Seeverkehr Zentrale Aspekte der Revision der ETS-Richtlinie. Abgerufen am 10.08.2024 von https://www.umweltbundesamt.de/sites/default/files/medien/11850/publikationen/factsheet_seeverkehr_de.pdf
31. KlimaschutzPortal (2024). Europäischer Emissionshandel: Der Handel mit CO2 in Europa. Abgerufen am 16.08.2024 von https://www.klimaschutz-portal.aero/co2-kompensieren/europaeischer-emissionshandel/#:~:text=Im%20Dezember%202022%20beschloss%20die,Fluggesellschaften%20bis%202026%20komplett%20auslaufen
32. DEHSt (2022). Ausgestaltung EU-ETS. Abgerufen am 20.01.2024 von https://www.dehst.de/DE/Europaeischer-Emissionshandel/EU-Emissionshandel-verstehen/Ausgestaltung-des-EU-ETS/ausgestaltung-des-eu-ets_node.html

# Literatur

33. Europäische Umweltagentur (2023): Historical and projected emissions from stationary installations covered by the EU Emissions Trading System in the European Economic Area. Abgerufen am 01.08.2024 von https://www.eea.europa.eu/data-and-maps/daviz/historical-and-projected-emissions-from#tab-googlechartid_googlechartid_chart_121
34. Stiftung Umweltenergierecht (2023). Einnahmen aus dem Emissionshandel und Finanzierung des Klimageldes. Abgerufen am 03.01.2024 von https://stiftung-umweltenergierecht.de/wp-content/uploads/2023/07/Stiftung_Umweltenergierecht_EHS_Einnahmen-und-Klimageld.pdf
35. DEHSt (2022). Ausgestaltung EU-ETS. Abgerufen am 20.06.2024 von https://www.dehst.de/DE/Europaeischer-Emissionshandel/EU-Emissionshandel-verstehen/Ausgestaltung-des-EU-ETS/ausgestaltung-des-eu-ets_node.html
36. EUR-Lex (2023). System für den Handel mit Treibhausgaszertifikaten. Abgerufen am 18.07.2024 von https://eur-lex.europa.eu/DE/legal-content/summary/greenhouse-gas-emission-allowance-trading-system.html
37. DEHSt (2022). Ausgestaltung EU-ETS. Abgerufen am 20.06.2024 von https://www.dehst.de/DE/Europaeischer-Emissionshandel/EU-Emissionshandel-verstehen/Ausgestaltung-des-EU-ETS/ausgestaltung-des-eu-ets_node.html
38. Europäische Kommission (2023) Climate Action. Abgerufen am 15.06.2024 von https://climate.ec.europa.eu/eu-action/eu-emissions-trading-system-eu-ets/development-eu-ets-2005-2020_de
39. NextKraftwerke (2022). Wie funktioniert der Emissionshandel? Abgerufen am 15.06.2024 von https://www.next-kraftwerke.de/wissen/emissionshandel
40. DEHSt (2022). Ausgestaltung EU-ETS. Abgerufen am 20.06.2024 von https://www.dehst.de/DE/Europaeischer-Emissionshandel/EU-Emissionshandel-verstehen/Ausgestaltung-des-EU-ETS/ausgestaltung-des-eu-ets_node.html
41. EUR-Lex (2023). System für den Handel mit Treibhausgaszertifikaten. Abgerufen am 18.06.2024 von https://eur-lex.europa.eu/DE/legal-content/summary/greenhouse-gas-emission-allowance-trading-system.html
42. EUR-Lex (2023). Richtlinie EU 2023/959 des Europäischen Parlaments und des Rates vom 10. Mai 2023 zur Änderung der Richtlinie 2003/87 EG über ein System für den Handel mit Treibhausgasemissionszertifikaten in der Union und des Beschlusses (EU) 2015/1814 über die Einrichtung und Anwendung einer Marktstabilitätsreserve für das System für den Handel mit Treibhausgasemissionszertifikaten in der Union. Abgerufen am 15.06.2024 von https://eur-lex.europa.eu/legal-content/DE/TXT/PDF/?uri=CELEX:32023L0959
43. EUR-Lex (2023). Richtlinie EU 2023/959 des Europäischen Parlaments und des Rates vom 10. Mai 2023 zur Änderung der Richtlinie 2003/87 EG über ein System für den Handel mit Treibhausgasemissionszertifikaten in der Union und des Beschlusses (EU) 2015/1814 über die Einrichtung und Anwendung einer Marktstabilitätsreserve für das System für den Handel mit Treibhausgasemissionszertifikaten in der Union. Abgerufen am 15.06.2024 von https://eur-lex.europa.eu/legal-content/DE/TXT/PDF/?uri=CELEX:32023L0959
44. EUR-Lex (2023). Richtlinie EU 2023/959 des Europäischen Parlaments und des Rates vom 10. Mai 2023 zur Änderung der Richtlinie 2003/87 EG über ein System für den Handel mit Treibhausgasemissionszertifikaten in der Union und des Beschlusses (EU) 2015/1814 über die Einrichtung und Anwendung einer Marktstabilitätsreserve für das

System für den Handel mit Treibhausgasemissionszertifikaten in der Union. Abgerufen am 15.06.2024 von https://eur-lex.europa.eu/legal-content/DE/TXT/PDF/?uri=CELEX:32023L0959
45. BMWK (2023). Europäisches Parlament bestätigt Einigung zur Reform des EU-Emissionshandels. Abgerufen am 20.01.2024 von https://www.bmwk.de/Redaktion/DE/Pressemitteilungen/2023/04/230418-europaisches-parlament-bestatigt-einigung-zur-reform-des-eu-emissionshandel.html
46. DEHSt (2024). Emissionssituation im Europäischen Emissionshandel. 2023. Emissionshandelspflichtige stationäre Anlagen und Luftverkehr in Deutschland. Abgerufen am 18.08.2024 von https://www.dehst.de/SharedDocs/downloads/DE/publikationen/VET-Bericht-2023.pdf?__blob=publicationFile&v=4
47. Europäischer Rechnungshof (2020). Sonderbericht. Das Emissionshandelssystem der EU: kostenlose Zuteilung von Zertifikaten sollte gezielter erfolgen. Abgerufen am 01.07.2024 von https://www.eca.europa.eu/Lists/ECADocuments/SR20_18/SR_EU-ETS_DE.pdf
48. Europäischer Rechnungshof (2020). Sonderbericht. Das Emissionshandelssystem der EU: kostenlose Zuteilung von Zertifikaten sollte gezielter erfolgen. Abgerufen am 01.07.2024 von https://www.eca.europa.eu/Lists/ECADocuments/SR20_18/SR_EU-ETS_DE.pdf, S. 4
49. Europäischer Rechnungshof (2020). Sonderbericht. Das Emissionshandelssystem der EU: kostenlose Zuteilung von Zertifikaten sollte gezielter erfolgen. Abgerufen am 01.07.2024 von https://www.eca.europa.eu/Lists/ECADocuments/SR20_18/SR_EU-ETS_DE.pdf, S. 4f.
50. Europäischer Rechnungshof (2020). Sonderbericht. Das Emissionshandelssystem der EU: kostenlose Zuteilung von Zertifikaten sollte gezielter erfolgen. Abgerufen am 01.07.2024 von https://www.eca.europa.eu/Lists/ECADocuments/SR20_18/SR_EU-ETS_DE.pdf
51. DEHSt (2024). Emissionssituation im Europäischen Emissionshandel. 2023. Emissionshandelspflichtige stationäre Anlagen und Luftverkehr in Deutschland. Abgerufen am 18.08.2024 von https://www.dehst.de/SharedDocs/downloads/DE/publikationen/VET-Bericht-2023.pdf?__blob=publicationFile&v=4
52. Europäische Umweltagentur (2023). Trends and projections in the EU ETS in 2023. The EU Emissions Trading System in numbers. Abgerufen am 02.08.2024 von https://www.eionet.europa.eu/etcs/etc-cm/products/etc-cm-report-2023-07-1/@@download/file/ETC_CM_ETS%20Report_2023_07_2.pdf
53. DEHSt (2022). Ausgestaltung EU-ETS. Abgerufen am 20.06.2024 von https://www.dehst.de/DE/Europaeischer-Emissionshandel/EU-Emissionshandel-verstehen/Ausgestaltung-des-EU-ETS/ausgestaltung-des-eu-ets_node.html
54. EUR-Lex (2023). Richtlinie EU 2023/959 des Europäischen Parlaments und des Rates vom 10. Mai 2023 zur Änderung der Richtlinie 2003/87 EG über ein System für den Handel mit Treibhausgasemissionszertifikaten in der Union und des Beschlusses (EU) 2015/1814 über die Einrichtung und Anwendung einer Marktstabilitätsreserve für das System für den Handel mit Treibhausgasemissionszertifikaten in der Union. Abgerufen am 15.06.2024 von https://eur-lex.europa.eu/legal-content/DE/TXT/PDF/?uri=CELEX:32023L0959

# Literatur

55. DEHSt (2022). Ausgestaltung EU-ETS. Abgerufen am 20.06.2024 von https://www.dehst.de/DE/Europaeischer-Emissionshandel/EU-Emissionshandel-verstehen/Ausgestaltung-des-EU-ETS/ausgestaltung-des-eu-ets_node.html
56. DEHSt (2022). Ausgestaltung EU-ETS. Abgerufen am 20.06.2024 von https://www.dehst.de/DE/Europaeischer-Emissionshandel/EU-Emissionshandel-verstehen/Ausgestaltung-des-EU-ETS/ausgestaltung-des-eu-ets_node.html
57. DEHSt (2023). Unionsregister. Abgerufen am 18.06.2024 von https://www.dehst.de/DE/Europaeischer-Emissionshandel/Unionsregister/unionsregister_node.html
58. DEHSt (2023). Nationalen Emissionshandel verstehen. Abgerufen am 20.02.2024 von https://www.dehst.de/DE/Nationaler-Emissionshandel/nEHS-verstehen/nehs-verstehen_node.html
59. DEHSt (2022). Fact Sheet. Deutsche Emissionshandelsstelle. Abgerufen am 22.07.2024 von https://www.dehst.de/SharedDocs/downloads/DE/publikationen/factsheets/factsheet_dehst.pdf?__blob=publicationFile&v=4
60. DEHSt (2023). Unionsregister. Abgerufen am 18.06.2024 von https://www.dehst.de/DE/Europaeischer-Emissionshandel/Unionsregister/unionsregister_node.html
61. EUR-Lex (2018). Richtlinie EU 2023/959 des Europäischen Parlaments und des Rates vom 14. März 2018 zur Änderung der Richtlinie 2003/87/EG zwecks Unterstützung kosteneffizienter Emissionsreduktionen und zur Förderung von Investitionen mit geringem CO2-Ausstoß und des Beschlusses (EU) 2015/1814
62. DEHSt (2022). Ausgestaltung EU-ETS. Abgerufen am 20.06.2024 von https://www.dehst.de/DE/Europaeischer-Emissionshandel/EU-Emissionshandel-verstehen/Ausgestaltung-des-EU-ETS/ausgestaltung-des-eu-ets_node.html
63. EUR-Lex (2023). Richtlinie EU 2023/959 des Europäischen Parlaments und des Rates vom 10. Mai 2023 zur Änderung der Richtlinie 2003/87 EG über ein System für den Handel mit Treibhausgasemissionszertifikaten in der Union und des Beschlusses (EU) 2015/1814 über die Einrichtung und Anwendung einer Marktstabilitätsreserve für das System für den Handel mit Treibhausgasemissionszertifikaten in der Union. Abgerufen am 15.06.2024 von https://eur-lex.europa.eu/legal-content/DE/TXT/PDF/?uri=CELEX:32023L0959
64. DEHSt (2024). Steigerung der Klimaschutzambition: Anpassung von Cap und Marktstabilitätsreserve im EU-ETS 1. Abgerufen am 15.08.2024 von https://www.dehst.de/DE/Europaeischer-Emissionshandel/Reform-Perspektiven/Klimaschutzambitionen/klimaschutzambition_node.html
65. Pause, F.; Nysten, J.; Busch, R.; Kamm, J.; Wimmer, M. (2024). Das Fit for 55-Paket und REPowerEU: Blick zurück und Blick nach vorne. Stiftung Umweltenergierecht vom 30.04.2024, abgerufen am 15.07.2024 von https://stiftung-umweltenergierecht.de/wp-content/uploads/2024/04/Das-Fit-for-55-Paket-und-REPowerEU-Blick-zurueck-und-Blick-nach-vorne_2024-04-30.pdf
66. Nissen, C.; Gores, S.; Healy, S.; Hermann, H. (2023). Trends and projections in the EU ETS in 2023. The EU Emissions Trading System in numbers. Abgerufen am 02.08.2024 von https://www.eionet.europa.eu/etcs/etc-cm/products/etc-cm-report-2023-07-1/@@download/file/ETC_CM_ETS%20Report_2023_07_2.pdf
67. Europäische Kommission (2024), Final Report from the Commission to the European Parliament and the Council on the functioning of the European carbon market in 2023. Abgerufen am 20.11.2024 von 92ec0ab3-24cf-4814-ad59-81c15e310bea_en

68. Europäische Umweltagentur (2024). EU Emissions Trading System (ETS) data viewer. Abgerufen am 01.08.2024 von https://www.eea.europa.eu/data-and-maps/dashboards/emissions-trading-viewer-1
69. Europäische Umweltagentur (2024). EU Emissions Trading System (ETS) data viewer. Abgerufen am 01.08.2024 von https://www.eea.europa.eu/data-and-maps/dashboards/emissions-trading-viewer-1
70. Marcu, A.; Coker, E.; Bourcier, F. et al. (2024). 2024 State of the EU ETS Report. Abgerufen am 15.07.2024 von https://ercst.org/2024-state-of-the-eu-ets-report/
71. Nissen, C.; Gores, S.; Healy, S.; Hermann, H. (2023). Trends and projections in the EU ETS in 2023. The EU Emissions Trading System in numbers. Abgerufen am 02.08.2024 von https://www.eionet.europa.eu/etcs/etc-cm/products/etc-cm-report-2023-07-1/@@download/file/ETC_CM_ETS%20Report_2023_07_2.pdf
72. Financial Times (2023). EU carbon price tops €100 a tonne for first time. Abgerufen am 15.07.2024 von https://www.ft.com/content/7a0dd553-fa5b-4a58-81d1-e500f8ce3d2a
73. Ministerium für Wirtschaft und Klimaschutz (2022). Deutschland erwirbt Emissionsberechtigungen für verfehlte Klimaziele zwischen 2013 bis 2020 Unterzeichnung von Ankaufverträgen mit Bulgarien, Tschechien und Ungarn. Abgerufen am 23.08.2024 von https://www.bmwk.de/Redaktion/DE/Pressemitteilungen/2022/10/20221024-deutschland-erwirbt-emissionsberechtigungen-fur-verfehlte-klimaziele-zwischen-2013-bis-2020s.html

# 3 Mittelverwendung: Der Innovations- & Modernisierungsfonds

Marktwirtschaftliche Instrumente entfalten ihre Lenkungswirkung einerseits durch die Preissignale, die sie setzen, andererseits aber auch durch die Umverteilung der Einnahmen. Damit können vielfältige Ausgleichsmechanismen angereizt werden, wie z. B. die finanzielle Unterstützung von Innovationen zur Dekarbonisierung oder zur Förderung des Ausbaus von erneuerbaren Energien oder auch die finanzielle Abfederung sozialer Schieflagen für diejenigen, die sich den erhöhten $CO_2$-Preisen nicht entziehen können, aber dadurch überdurchschnittlich hohe finanzielle Einbußen haben.

Der Innovationsfonds und der Modernisierungsfonds ist jeweils ein Beispiel für die Förderung der Sektoren, die unter das EU-ETS fallen und sich den tendenziell zu erwartenden steigenden $CO_2$-Preisen durch Dekarbonisierung entziehen wollen.

Der Innovationsfonds erhält Geld aus beiden EU-Emissionshandelssystemen, EU-ETS I und II sowie aus dem CBAM durch die Zuteilung eines bestimmten Prozentsatzes der Einnahmen aus der Versteigerung von $CO_2$-Emissionszertifikaten. Diese Zertifikate werden dann in den Innovationsfonds eingebracht und dienen als Finanzierung für Projekte, die innovative Technologien zur Reduzierung von Treibhausgasemissionen einsetzen.

> „Der Innovationsfonds sollte innovative Techniken, Prozesse und Technologien … im Hinblick auf ihre breite Einführung in der gesamten Union unterstützen. Bahnbrechende Innovationen sollten bei der Auswahl von Projekten, die durch Finanzhilfen unterstützt werden, Vorrang haben" [1].

Der Innovationsfond legt den Fokus auf die Sektoren Gebäude, Verkehr und Schifffahrt. Dabei konzentriert sich der Fonds u. a. auf Investitionen in die Senkung des Brennstoffverbrauchs im Straßenverkehr, in den Ausbau des Öffentlichen

Personennahverkehrs (ÖPNV), in die Energieeffizienz von Schiffen, Häfen und in den Kurzstreckenseeverkehr, bis hin zur Elektrifizierung des Sektors. Außerdem reichen die Aktivitäten über die Nutzung alternativer Antriebstechniken in der Schifffahrt hin zu nachhaltigen alternativen Brennstoffen wie Wasserstoff und Ammoniak aus erneuerbaren Quellen oder emissionsfreie Antriebstechnologien wie Windtechnologien und Innovationen im Hinblick auf Schiffe der Eisklasse. Ebenso steht die Förderung von Technologien zur Minderung von Rußemissionen im Fokus. Auch können die Mittel eingesetzt werden, um für Carbon-Contracts-for-Differences genutzt zu werden, um gewisse Produktionsprozesse schneller zu dekarbonisieren [2].

Der Modernisierungsfonds wiederum ist ein Finanzinstrument, das im Rahmen des EU-Emissionshandelssystems eingerichtet wurde, um die Modernisierung und Innovation in den Mitgliedstaaten der Europäischen Union zu unterstützen. Der Fonds wurde als Teil der Reform des EU-ETS gemäß der Richtlinie (EU) 2018/410 [3] eingeführt und ist seit Beginn der vierten Handelsperiode (2021-2030) aktiv.

Der Zweck des Modernisierungsfonds besteht darin, Finanzmittel für vorgeschlagene Projekte der Mitgliedsstaaten bereitzustellen, die dazu beitragen, die Modernisierung der Energiesysteme und zur Verbesserung der Energieeffizienz innerhalb der Handelsperiode von 2021–2030 zu verbessern (Art. 10d EU 2023/959) [4]. Die EU-Mitgliedstaaten können Projekte vorschlagen, die dann von der Europäischen Kommission bewertet und genehmigt werden. Der Modernisierungsfonds unterstützt die ausgewählten Projekte in verschiedenen EU-Mitgliedstaaten und trägt auf diese Weise dazu bei, die Modernisierung und Dekarbonisierung in der gesamten EU voranzutreiben [5].

Der Fonds wird aus einem Teil der Einnahmen aus der Versteigerung von $CO_2$-Emissionszertifikaten finanziert. Die Einnahmen werden aus zwei Versteigerungen und zu einem gewissen Anteil aus der Gesamtmenge der Zertifikate aus dem Zeitraum 2021–2030 generiert.

Die Einnahmen aus der ersten Versteigerung ergeben sich aus 2 % der Erlöse der zu versteigernden Zertifikate, wobei die Mitgliedsstaaten profitieren, deren Pro-Kopf-BIP zu Marktpreisen im Jahr 2013 unter 60 % des EU-Durchschnitts lag (Anhang IIb Teil A EU 2023/959 [6]) und Tab. 3.1. Einnahmen der zweiten Versteigerung ergeben sich aus 2,5 % der Gesamtmenge der Zertifikate zwischen 2024 und 2030. Die Einnahmen kommen den Mitgliedstaaten zugute, deren Pro-Kopf-BIP zu Marktpreisen im Zeitraum von 2016–2018 unter 75 % des EU-Durchschnitts lag (Anhang IIb Teil B EU 2023/959 [7]) und Tab. 3.2. Da die Mittel primär in strukturschwächeren Regionen eingesetzt werden sollen, haben nicht alle Mitgliedsstaaten die Möglichkeit, an den Einnahmen des Fonds partizipieren zu können.

# 3 Mittelverwendung: Der Innovations- & Modernisierungsfonds

**Tab. 3.1** Aufteilung der Einnahmen aus dem Modernisierungsfonds bis 31.12.2030 gemäß der Richtlinie (EU) 2023/959, Artikel 10 Abs. 1, Unterabsatz 3 [8]

| Versteigerung I innerhalb des Modernisierungsfonds – Teil A | |
|---|---|
| Land | Anteil |
| Bulgarien | 5,84 % |
| Tschechien | 15,59 % |
| Estland | 2,78 % |
| Kroatien | 3,14 % |
| Lettland | 1,44 % |
| Litauen | 2,57 % |
| Ungarn | 7,12 % |
| Polen | 43,41 % |
| Rumänien | 11,98 % |
| Slowakei | 6,13 % |

**Tab. 3.2** Aufteilung der Mittel aus der Versteigerung aus dem Modernisierungsfonds gemäß der Richtlinie (EU) 2023/959, Artikel 10 Abs. 1, Unterabsatz 4 [9]

| Versteigerung II innerhalb des Modernisierungsfonds – Teil B | |
|---|---|
| Land | Anteil |
| Bulgarien | 4,90 % |
| Tschechien | 12,60 % |
| Estland | 2,10 % |
| Griechenland | 10,10 % |
| Kroatien | 2,30 % |
| Lettland | 1,00 % |
| Litauen | 1,90 % |
| Ungarn | 5,80 % |
| Polen | 34,20 % |
| Portugal | 8,60 % |
| Rumänien | 9,70 % |
| Slowakei | 4,80 % |
| Slowenien | 2,00 % |

Neben dem Innovations- und Modernisierungsfond fließen außerdem die Einnahmen aus etwa 50 Mio. Zertifikaten in die Finanzierung eines Klima-Sozialfonds der europäischen Union zur Abfederung sozialer und verteilungspolitischer Folgen durch den Emissionshandel (Art. 10a Abs. 8b EU 2023/959). Dieser Fonds soll über den Zeitraum 2027–2032 über ein Fördervolumen von 65 Mrd. € verfügen, wobei nur ein Teil des angestrebten Budgets durch Einnahmen des EU-ETS I gedeckt werden soll [10], s. auch Kap. 6.

Die übrigen Einnahmen aus den versteigerten Zertifikaten des EU-ETS I können durch die Mitgliedstaaten selbst verwendet werden, müssen aber zu 100 % in energie- und klimabezogene sowie soziale Maßnahmen fließen. Der Handlungsrahmen des Finanzierungskataloges ist in Art. 10 Abs. 3 EU 2023/959 zu finden. Demnach können die Einnahmen u. a. zur Reduzierung von Treibhausgasemissionen gegen den Klimawandel bzw. zur Anpassung an den Klimawandel genutzt werden, wie auch zur Förderung von Technologien im Bereich der erneuerbaren Energien oder Energienetze zur Umsetzung einer kohlenstoffarmen, energieeffizienten Wirtschaft. Genauso fallen Maßnahmen der Kohlenstoffspeicherung durch die Forstwirtschaft oder im Boden unter mögliche Investitionsbereiche, wie auch die $CO_2$-Abscheidung und -Speicherung. Ebenso sind der Einsatz zur Dekarbonisierung des Verkehrssektors und der Steigerung der Energieeffizienz in der Wärme- und Kälteerzeugung sowie der Gebäudesanierung möglich [11] (vgl. Abb. 3.1).

Die Mehreinnahmen können auch zur finanziellen Unterstützung von Haushalten mit kleineren und mittleren Einkommen verwendet werden oder für die Umsetzung eines nationalen Klimadividendensystems. Des Weiteren ist eine Mittelverwendung zulässig, wenn die Verlagerung von Emissionen in Industrien in CBAM-Sektoren unterbunden werden kann [13] (vgl. Abb. 3.2).

**Verwendung der Einnahmen aus EHS 1, Art. 10 Abs. 3 EHS-RL**

**100% der Einnahmen der MS sind zweckgebunden für:** Klimaschutz, Energiewende & Soziales

**Abschließender Katalog** von Einnahmenverwendungszwecken, u.a.:

a) **Reduzierung von Treibhausgasemissionen; Anpassung** an Klimawandel

b) **Erneuerbare Energien, Netze**, Technologien für kohlenstoffarme Wirtschaft und Energieeffizienz

d) **Kohlenstoffspeicherung** durch Forstwirtschaft und im Boden

e) Umweltverträglich **$CO_2$-Abscheidung und – Speicherung**

f) **Dekarbonisierung des Verkehrs** (Straße, See, Luft)

h) **Energieeffizienz**, EE-Wärme-/Kälteversorgung, Gebäuderenovierung

ha) **finanzielle Unterstützung**, um soziale Aspekte in **Haushalten** mit niedrigem und mittlerem Einkommen anzugehen

hb) Finanzierung der nationalen **Klimadividendensysteme** mit nachgewiesenen positiven Umweltauswirkungen

l) **Verhinderung** *Carbon Leakage* in den „CBAM-Sektoren"

**Abb. 3.1** Verwendung der Einnahmen aus dem EU ETS I gemäß Art. 10 Abs. 3 ETS-RL. (Quelle: Stiftung Umweltenergierecht (2023) [12], CC BY 4.0 – Creative Commons Lizenz)

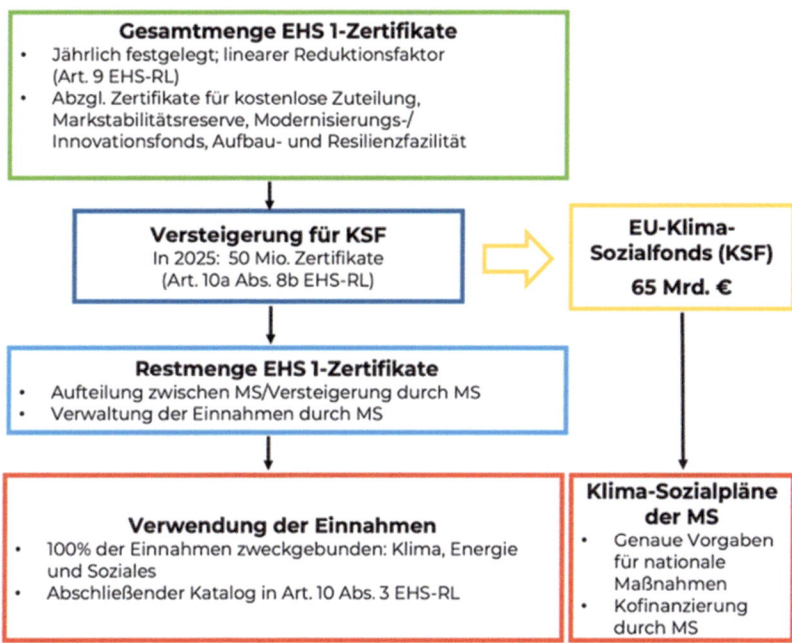

**Abb. 3.2** Verteilung der Zertifikate im EU ETS I und deren Mittelverwendung. (Quelle Stiftung Umweltenergierecht (2023) [14], CC BY 4.0 – Creative Commons Lizenz)

## Literatur

1. EUR-Lex (2023). Richtlinie EU 2023/959 des Europäischen Parlaments und des Rates vom 10. Mai 2023 zur Änderung der Richtlinie 2003/87 EG über ein System für den Handel mit Treibhausgasemissionszertifikaten in der Union und des Beschlusses (EU) 2015/1814 über die Einrichtung und Anwendung einer Marktstabilitätsreserve für das System für den Handel mit Treibhausgasemissionszertifikaten in der Union.
2. EUR-Lex (2023). Richtlinie EU 2023/959 des Europäischen Parlaments und des Rates vom 10. Mai 2023 zur Änderung der Richtlinie 2003/87 EG über ein System für den Handel mit Treibhausgasemissionszertifikaten in der Union und des Beschlusses (EU) 2015/1814 über die Einrichtung und Anwendung einer Marktstabilitätsreserve für das System für den Handel mit Treibhausgasemissionszertifikaten in der Union. Abgerufen am 15.06.2024 von https://eur-lex.europa.eu/legal-content/DE/TXT/PDF/?uri=CELEX:32023L0959

3. EUR-Lex (2018). Richtlinie (EU) 2018/410 des Europäischen Parlaments und des Rates vom 14. März 2018 zur Änderung der Richtlinie 2003/87/EG zwecks Unterstützung kosteneffizienter Emissionsreduktionen und zur Förderung von Investitionen mit geringem $CO_2$-Ausstoß und des Beschlusses (EU) 2015/1814
4. EUR-Lex (2023). Richtlinie EU 2023/959 des Europäischen Parlaments und des Rates vom 10. Mai 2023 zur Änderung der Richtlinie 2003/87 EG über ein System für den Handel mit Treibhausgasemissionszertifikaten in der Union und des Beschlusses (EU) 2015/1814 über die Einrichtung und Anwendung einer Marktstabilitätsreserve für das System für den Handel mit Treibhausgasemissionszertifikaten in der Union. Abgerufen am 15.06.2024 von https://eur-lex.europa.eu/legal-content/DE/TXT/PDF/?uri=CELEX:32023L0959
5. EUR-Lex (2023). Richtlinie EU 2023/959 des Europäischen Parlaments und des Rates vom 10. Mai 2023 zur Änderung der Richtlinie 2003/87 EG über ein System für den Handel mit Treibhausgasemissionszertifikaten in der Union und des Beschlusses (EU) 2015/1814 über die Einrichtung und Anwendung einer Marktstabilitätsreserve für das System für den Handel mit Treibhausgasemissionszertifikaten in der Union. Abgerufen am 15.06.2024 von https://eur-lex.europa.eu/legal-content/DE/TXT/PDF/?uri=CELEX:32023L0959
6. EUR-Lex (2023). Richtlinie EU 2023/959 des Europäischen Parlaments und des Rates vom 10. Mai 2023 zur Änderung der Richtlinie 2003/87 EG über ein System für den Handel mit Treibhausgasemissionszertifikaten in der Union und des Beschlusses (EU) 2015/1814 über die Einrichtung und Anwendung einer Marktstabilitätsreserve für das System für den Handel mit Treibhausgasemissionszertifikaten in der Union. Abgerufen am 15.06.2024 von https://eur-lex.europa.eu/legal-content/DE/TXT/PDF/?uri=CELEX:32023L0959
7. EUR-Lex (2023). Richtlinie EU 2023/959 des Europäischen Parlaments und des Rates vom 10. Mai 2023 zur Änderung der Richtlinie 2003/87 EG über ein System für den Handel mit Treibhausgasemissionszertifikaten in der Union und des Beschlusses (EU) 2015/1814 über die Einrichtung und Anwendung einer Marktstabilitätsreserve für das System für den Handel mit Treibhausgasemissionszertifikaten in der Union. Abgerufen am 15.06.2024 von https://eur-lex.europa.eu/legal-content/DE/TXT/PDF/?uri=CELEX:32023L0959
8. EUR-Lex (2023). Richtlinie EU 2023/959 des Europäischen Parlaments und des Rates vom 10. Mai 2023 zur Änderung der Richtlinie 2003/87 EG über ein System für den Handel mit Treibhausgasemissionszertifikaten in der Union und des Beschlusses (EU) 2015/1814 über die Einrichtung und Anwendung einer Marktstabilitätsreserve für das System für den Handel mit Treibhausgasemissionszertifikaten in der Union. Abgerufen am 15.06.2024 von https://eur-lex.europa.eu/legal-content/DE/TXT/PDF/?uri=CELEX:32023L0959
9. EUR-Lex (2023). Richtlinie EU 2023/959 des Europäischen Parlaments und des Rates vom 10. Mai 2023 zur Änderung der Richtlinie 2003/87 EG über ein System für den Handel mit Treibhausgasemissionszertifikaten in der Union und des Beschlusses (EU) 2015/1814 über die Einrichtung und Anwendung einer Marktstabilitätsreserve für das System für den Handel mit Treibhausgasemissionszertifikaten in der Union. Abgerufen am 15.06.2024 von https://eur-lex.europa.eu/legal-content/DE/TXT/PDF/?uri=CELEX:32023L0959

10. EUR-Lex (2023). Richtlinie EU 2023/959 des Europäischen Parlaments und des Rates vom 10. Mai 2023 zur Änderung der Richtlinie 2003/87 EG über ein System für den Handel mit Treibhausgasemissionszertifikaten in der Union und des Beschlusses (EU) 2015/1814 über die Einrichtung und Anwendung einer Marktstabilitätsreserve für das System für den Handel mit Treibhausgasemissionszertifikaten in der Union. Abgerufen am 15.06.2024 von https://eur-lex.europa.eu/legal-content/DE/TXT/PDF/?uri=CE-LEX:32023L0959
11. EUR-Lex (2023). Richtlinie EU 2023/959 des Europäischen Parlaments und des Rates vom 10. Mai 2023 zur Änderung der Richtlinie 2003/87 EG über ein System für den Handel mit Treibhausgasemissionszertifikaten in der Union und des Beschlusses (EU) 2015/1814 über die Einrichtung und Anwendung einer Marktstabilitätsreserve für das System für den Handel mit Treibhausgasemissionszertifikaten in der Union. Abgerufen am 15.06.2024 von https://eur-lex.europa.eu/legal-content/DE/TXT/PDF/?uri=CE-LEX:32023L0959
12. Pause, F.; Busch, R.; Harder, K. (2023). Das Fit for 55-Paket und REPowerEU: Einnahmen aus dem EU-Emissionshandel und Finanzierung des Klimagelds. Stiftung Umweltenergierecht vom 25.07.2023. Abgerufen von https://stiftung-umweltenergierecht.de/wp-content/uploads/2023/07/Stiftung_Umweltenergierecht_EHS_Einnahmen-und-Klimageld.pdf
13. Pause, F.; Nysten, J.; Kamm, J. (2023). Das Fit for 55-Paket und REPowerEU: Updates und das neue System der EU-CO2-Bepreisung. Stiftung Umweltenergierecht vom 23.01.2023. Abgerufen am 19.06.2024 von https://stiftung-umweltenergierecht.de/wp-content/uploads/2023/04/Stiftung-Umweltenergierecht_GreenDealerklaert_Update_CO2-Bepreisung_2023-04-06.pdf
14. Pause, F.; Busch, R.; Harder, K. (2023). Das Fit for 55-Paket und REPowerEU: Einnahmen aus dem EU-Emissionshandel und Finanzierung des Klimagelds. Stiftung Umweltenergierecht vom 25.07.2023. Abgerufen von https://stiftung-umweltenergierecht.de/wp-content/uploads/2023/07/Stiftung_Umweltenergierecht_EHS_Einnahmen-und-Klimageld.pdf

# Das EU-ETS II – Verkehr, Gebäude und Gewerbe 4

## 4.1 Historie

Wenn Sie nun befürchten, die Regelungen aus dem EU-ETS I noch einmal wiederholen zu müssen, so können wir Sie ein stückweit beruhigen. Politik sollte ihre Maßnahmen und Instrumente idealerweise auf die spezifischen Rahmenbedingungen der jeweiligen Regelungsbereiche ausrichten. Daher werden wir in der Ausgestaltung des EU-ETS II „einige alte Bekannte" des EU-ETS I wiedertreffen, wie z. B. das Cap oder die MSR, es wird aber auch bestimmte Spezifika geben, die so im EU-ETS I nicht zu finden sind. Aber von vorn:

Im Rahmen der Fit-for-55-Paket Neufassung des EU-ETS mit der bereits erläuterten Verschärfung des Ambitionsniveaus und der Einführung des CBAM wurde als weitere Neuerung ein eigenes neues EU-ETS II beschlossen. Es deckt die Verbrennung von fossilen Brennstoffen in den Sektoren Straßenverkehr und Gebäuden ab, Sektoren die wir bisher im Rahmen der Lastenverteilungsverordnung (LVV) verortet haben (s. Abschn. 1.2.1). Dort bleiben sie auch $CO_2$-invatarmäßig weiterhin als Sektor gezählt. Die Instrumente zum Erreichen der $CO_2$-Minderungsziele werden jedoch ab 2027 nicht mehr wie unter der LVV den individuellen Maßnahmen der Mitgliedstaaten überlassen. Vielmehr werden diese Sektoren, die gemeinsam für 38 % der EU-weiten Treibhausgasemissionen verantwortlich sind [1], durch das neue EU-ETS II nun auch in einen gemeinsamen, grenzüberschreitenden, EU-weit gültigen Marktmechanismus überführt. Das Ziel ist es, durch den Emissionshandel in den EU-ETS II Sektoren bis 2030 eine Emissionsreduktion von 42 % gegenüber 2005 zu erreichen (s. Abb. 4.1).

© Der/die Autor(en), exklusiv lizenziert an Springer Fachmedien Wiesbaden GmbH, ein Teil von Springer Nature 2025
C. Adolf, M. Linnemann, *Der Europäische Emissionshandel*,
https://doi.org/10.1007/978-3-658-46879-8_4

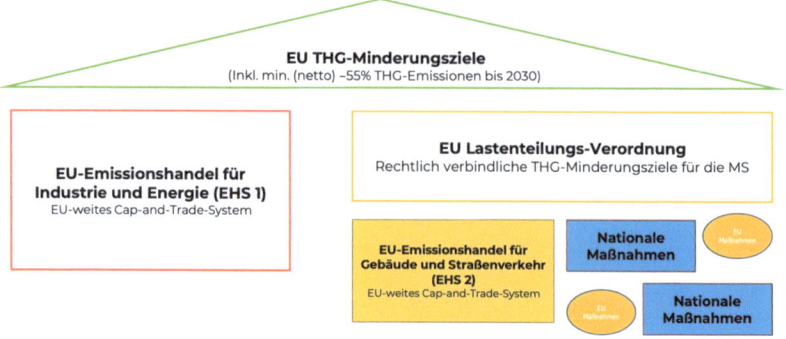

**Abb. 4.1** Die $CO_2$-Bepreisungsarchitektur mit dem EU-ETS II. (Quelle: Stiftung Umweltenergierecht (2024) [3], CC BY 4.0 – Creative Commons Lizenz)

Der Start des neuen Emissionshandelssystems ist für das Jahr 2027 vorgesehen. Die EU lässt sich allerdings die Möglichkeit offen, den Start des EU-ETS II um ein weiteres Jahr, also auf 2028, zu verschieben. Aus den Erfahrungen aus der Energiekrise 2022 infolge des Angriffskriegs Russlands auf die Ukraine heraus wollte man sich einen potenziellen Puffer schaffen. Dieser zeitliche Puffer soll Bürger:innen vor hohen Energiepreissprüngen schützen, die aufgrund von außergewöhnlichen Krisensituationen entstehen (Art. 30k EU 2023/959) [2].

Bereits ab 2024 müssen die betroffenen Akteure ihre Emissionen erfassen. Bis zum 01.01.2025 wird die EU-Kommission die Gesamtmenge an Zertifikaten für das Jahr 2027 bekannt geben. Bis Ende 2026 folgt dann eine Art Testphase zur Einführung des neuen Emissionshandels:

## 4.2 Cap-and-Trade-Ansatz

Auch im EU-ETS II folgt die Verringerung der Zertifikate durch die Festlegung eines Reduktionspfades, des sog. Caps. Für den Start ist ein Kürzungsfaktor von 5,15 % durch die EU festgelegt worden. Dieser ist deutlich ambitionierter als der im EU-ETS I, dessen Cap bei 4,3 % zwischen 2024 und 2028 liegt.

Um im Einklang mit den Klimaschutzzielen zu agieren, wird das Cap ab 2028 auf 5,38 % angehoben. Dies gilt zunächst unter Vorbehalt etwaiger hoher Preisschwankungen [4]. Für den Fall, dass die Emissionen deutlich über dem Minderungswert liegen und eine solche Abweichung nicht auf geringfügige Unterschiede bei den Emissionsmessmethoden zurückzuführen ist, kann die EU den linearen Kürzungsfaktor anpassen, um die erforderliche Emissionsreduktion im Jahr 2030 zu erreichen [5].

## 4.3 Adressatenkreis: Upstream-Prinzip

Das EU-ETS II gilt für die Verbrennung von fossilen Brennstoffen der Sektoren des Straßenverkehrs und Gebäude sowie für Teile des verarbeitenden Gewerbes. EU-weit werden etwa 11.400 Unternehmen unter das EU-ETS II fallen. Darunter finden sich ca. 7000 Steuerlager für flüssige Brennstoffe, ca. 1400 regionale und lokale Versorger für Gas, ca. 3000 Versorger für Kohle [6].

Eine Besonderheit gegenüber dem EU-ETS I besteht in dem Ansatz der Bepreisung. Im ETS I gilt das Downstream-Prinzip, das heißt, die direkten Verursacher:innen müssen für die entstandenen Emissionen Zertifikate ankaufen. Es sind also vor allem die Kraftwerke oder die einzelnen Industrieanlagen als Emittenten direkt betroffen.

Da im EU-ETS II eine Vielzahl an Kleinemittent:innen, wie z. B. jede:r Autofahrer:in mit einem Benziner, eingeschlossen wird, würde einen Downstream-Ansatz, wie er im EU-ETS I Anwendung findet, sehr ineffizient und bürokratisch gestalten. Aus diesem Grund greift die Pflicht für den Erwerb von Zertifikaten bereits an einer vorgelagerten Stelle der Lieferkette: Es sind bereits die Unternehmen von den Auflagen des EU-ETS II betroffen, welche die Überführung von Brennstoffen für Verbrennungsprozesse im Gebäude- und im Straßenverkehrssektor übernehmen. Hier gleichen sich ETS II und das derzeitige Brennstoffemissionshandelsgesetz, unter dem Deutschland zurzeit z. B. die Gebäude- und Verkehrsemissionen bepreist.

## 4.4 Bestimmung der Zertifikatsmenge

Die Summe der auszugebenden Zertifikate soll eng mit den Reduktionszielen 2030 der EU verknüpft werden. Durch die Verknüpfung soll eine Reduktion der Emissionen um 43 % bis 2030 im Vergleich zum Referenzjahr 2005 erreicht werden. Die genaue Höhe der Gesamtmenge der Zertifikate soll erstmals im Jahr 2027 festgelegt werden und einem bei der Emissionsobergrenze für 2024 beginnenden Minderungspfad folgen. Die Berechnung erfolgt auf Basis der Referenzemissionen für die erfassten Sektoren für 2005 und den Zeitraum 2016–2018 gemäß Artikel 4

Absatz 3 gemäß der Verordnung (EU) 2018/842 [7]. Die Höhe der Emissionen berechnet sich aus der Menge des in Verkehr gebrachten Brennstoffes multipliziert mit einem festgelegten Emissionsfaktor [8].

Als Berechnungsgrundlage für die Verteilung der Mehrheit der Zertifikate dienen die durchschnittlichen Emissionen in den jeweiligen Sektoren aus dem Zeitraum 2016–2018. Die Menge der Zertifikate soll so gesteuert werden, dass für die Anfangsjahre ein stabiles Preisniveau von 45 € pro t erreicht wird. Einige Studien warnen allerdings bereits heute, dass es zu erheblichen Preissteigerungen im EU-ETS II kommen kann, weil sich die Preise durch Angebot und Nachfrage im Markt bilden. Daher wird unter anderem die von der EU bereitgestellte Menge der Zertifikate einen entscheidenden Einfluss auf die Höhe der Preise haben [9] [10]. Ein prognostizierter $CO_2$-Preis zwischen 200 und 400 € pro t würde starke Auswirkungen auf den Preis von Kraftstoffen haben. Das würde wiederum hohe Kosten für die Verbraucher:innen bedeuten. Diese soziale Frage, die durch den ETS II und das Downstream-Prinzip entsteht, soll durch die Schaffung eines Klimasozialfonds beantwortet werden (s. Kap. 6).

## 4.5 Zertifikatsvergabe

Ein interessanter Unterschied zum EU-ETS I liegt in der Tatsache, dass es im EU-ETS II keine Gratisvergabe von Zertifikaten geben wird. Im Gegensatz zum EU-ETS I erfolgt die Zertifikatsvergabe also nicht auf zwei Wegen – kostenlose Ausgabe und per Auktion – sondern ausschließlich per Auktionsverfahren. Eine kostenlose Ausgabe von Zertifikaten ist somit nicht geplant, unter anderem weil die EU keine Gefahr sieht, dass es durch die Einführung eines Zertifikatspreises zur Verlagerung von Emissionen im Straßenverkehr und im Gebäudeverkehr kommen könnte.

Das hohe Cap und die ambitionierten Einsparziele im EU-ETS II führen zu vielfältigen Spekulationen, wie sich die Preise jeweils entwickeln werden. Um gerade zu Beginn der Einführung hohe Preissprünge zu verhindern, ist ein sog. „Frontloading"-Mechanismus geplant. Wir kennen ja das „Backloading" schon aus dem EU-ETS I (s. Abschn. 2.4). Beim Frontloading werden nicht Zertifikate zeitweise aus dem Markt genommen, sondern im Gegenteil, die Menge an Zertifikaten im Jahr 2027 soll um 30 % höher sein als es die errechnete Zuteilungsmenge ergeben würde. Die Gesamtmenge wird in den Jahren 2029–2031 entsprechend reduziert. Somit wird die Knappheit der Zertifikate am Markt leicht aufgeweicht.

Die Vergabe der Zertifikate in den Markt erfolgt wie im EU-ETS I durch die Mitgliedsstaaten. Aus diesem Grund ist ein Verteilungsschlüssel anzuwenden, wenn es um die Festlegung der Zertifikate je Mitgliedsstaat geht.

## 4.6 Marktstabilitätsreserve im EU-ETS II als Mengensteuerung

Das im EU-ETS I bereits bewährte Instrument der Marktstabilitätsreserve (s. Abschn. 2.10) soll auch im EU-ETS II Anwendung finden. Sie folgt der gleichen Funktionslogik wie die des EU-ETS I, wird allerdings strikt separat gehandhabt.

Für den Start des EU-ETS II im Jahr 2027 (ggf. auch 2028) sieht die EU eine initiale Ausgabe von 600 Mio. Zertifikaten in der MSR vor. Ab 2028 erfolgt eine freie Bestückung der MSR mit Zertifikaten aus dem EU-ETS II. Maßgeblich ist wieder die jährlich festgelegte Umlaufmenge der Europäischen Kommission, bei der eine Ausgabe oder ein Zurückhalten von Zertifikaten bei der Über- oder Unterschreitung eines Schwellwertes zur angestrebten Umlaufmenge erfolgt [11, 12].

Bei einer zu versteigernden Menge von 5,3 Mrd. Zertifikaten zwischen 2027 und 2032 könnte die Marktstabilitätsreserve die Gesamtmenge um 11 % erhöhen [13]. Der obere Schwellenwert liegt bei 440 Mio. Zertifikaten. Bei einer Überschreitung werden die Auktionsmengen ab September des Folgejahres um 100 Mio. gekürzt und in die MSR überführt. Sollten die im Umlauf befindlichen Zertifikate die Anzahl von 210 Mio. Stück unterschreiten, so werden automatisch 100 Mio. Zertifikate entnommen und zusätzlich versteigert.

Im Falle eines schnellen, zu hohen Preisanstieges für die Zertifikate kann die MSR zusätzliche Zertifikate freigeben. Die Preisbildung erfolgt mittels der Versteigerung von Zertifikaten in Dreimonatszeiträumen. Die erzielten Preise werden jeweils mit den Durchschnittspreisen der vorangegangenen sechs Monate verglichen.

- Wenn der Zertifikatspreis über drei Monate über 45 € im Vergleich zu 2020 liegt (56 € bezogen auf das Jahr 2027), werden 20 Mio. zusätzliche Zertifikate freigegeben. Das angestrebte Preisniveau von 45 € pro t ist mit einer Preisindexierung gekoppelt und steht in Relation zu den EU-Verbraucherpreisen des Jahres 2020 [14, 15].
- Liegen die Preise für einen Zeitraum von drei Monaten mehr als doppelt so hoch, können weitere 50 Mio. Zertifikate freigegeben werden.

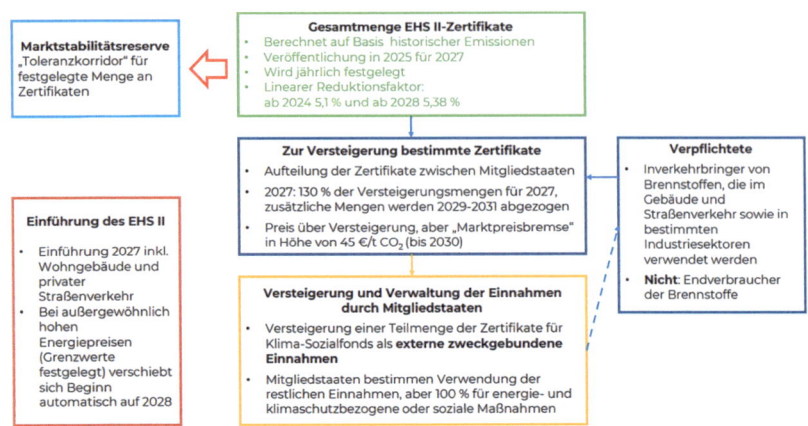

**Abb. 4.2** Übersicht des Funktionsprinzip des EU ETS II. (Quelle: Stiftung Umweltenergierecht (2024) [17], CC BY 4.0 – Creative Commons Lizenz)

- Für die Jahre 2027 und 2028 reicht bereits ein Anstieg um das 1,5-fache. Liegen die Preise über einen Zeitraum länger als drei Monate hingegen mehr als dreimal so hoch, können zusätzliche 150 Mio. Zertifikate freigegeben werden [16].

Die Abb. 4.2 zeigt die Funktionslogik des EU-ETS II auf und verdeutlicht die Gemeinsamkeiten, aber auch die Unterschiede zum EU-ETS I:

## 4.7 Verknüpfung mit bestehenden (nationalen) Handelssystemen

Zum Zeitpunkt des Inkrafttretens des EU-ETS II besitzen einige Mitgliedsstaaten bereits ein eigenes, nationales Handelssystem, welche ebenfalls die Sektoren Gebäude oder Verkehr umfassen. Beispielsweise werden in Deutschland seit 2021 die Bereiche Verkehr und Wärme durch das nationale Emissionshandelssystem (nEHS) geregelt, das auf dem Brennstoffemissionshandelsgesetz (BEHG) [18] basiert. Um eine Doppelbelastung zu vermeiden, ist eine Verzahnung zwischen den verschiedenen Emissionshandelssystemen erforderlich. Hierfür sieht die EU eine befristete Ausnahmegenehmigung nach Art. 30d Abs. 3 EU 2023/959 vor, sofern gewisse Vorbedingungen erfüllt sind. Liegen z. B. die nationalen Versteigerungspreise über dem Niveau des EU-ETS II, hat ein betroffenes Unternehmen die Möglichkeit, sich von der Pflicht zur Teilnahme am EU-ETS II befreien zu lassen. Für den Fall, dass eine Anlage einer Doppelbesteuerung durch den EU-ETS I und II unterliegen sollte, sind die Mitgliedsstaaten verpflichtet, einen Teil der Einnahmen aus den Zertifikatsversteigerung zu verwenden, um die Doppelbelastung zu kompensieren [19].

## 4.8 Mittelverwendung

Die Einnahmen aus dem EU-ETS II unterliegen bestimmten Verwendungszwecken, welche in der EU-Richtlinie 2023/959 [20] geregelt sind. So ist eine verpflichtende Abführung der Teileinnahmen zur Finanzierung eines Klima-Sozialfonds der EU vorgesehen (s. Kap. 6). Hierfür stehen insgesamt mindestens 150 Mio. Zertifikate im Zeitraum 2026–2032 bereit. Die finanziellen Mittel aus dem Fonds fließen in sog. Klima-Sozialpläne der einzelnen Mitgliedsstaaten, die vor allem Unterstützungsmaßnahmen für Sozialschwächere mitfinanzieren sollen. Zwischen 2026–2032 sollen knapp 80 Mrd. € für einkommensschwache Haushalte bereitgestellt werden.

Überschüssige Einnahmen aus der Versteigerung von Zertifikaten können die Mitgliedsstaaten zur Förderung eigener Maßnahmen umsetzen. Die Mittel müssen jedoch immer zu 100% in energie- und klimaschutzbezogene oder soziale Maßnahmen fließen. Ein möglicher Förderkatalog ist in Art. 30d der EU-Richtlinie 2023/959 aufgeführt [21].

Demnach haben die Mitgliedsstaaten solchen Maßnahmen Vorrang zu gewähren, die zur Bewältigung sozialer Aspekte des EU-ETS II beitragen können oder für einen bzw. mehrere der nachfolgenden Zwecke:

a. Gebäude: Maßnahmen zur Dekarbonisierung der Wärme- und Kälteversorgung oder zur Verringerung des Energiebedarfs
b. Verkehr: Maßnahmen zur beschleunigten Einführung emissionsfreier Fahrzeuge oder zur Förderung der Umstellung auf öffentliche Verkehrsmittel, um soziale Aspekte anzugehen
c. Finanzierung nationaler Klima-Sozialpläne (Art. 4 ff., 15 KSF-VO)
d. Finanzieller Ausgleich zur Vermeidung von Doppelzählung von Emissionen [22].

Die Abb. 4.3 soll die Zusammenhänge der Mittelverwendung verdeutlichen, die im folgenden Kapital noch einmal komplementiert werden:

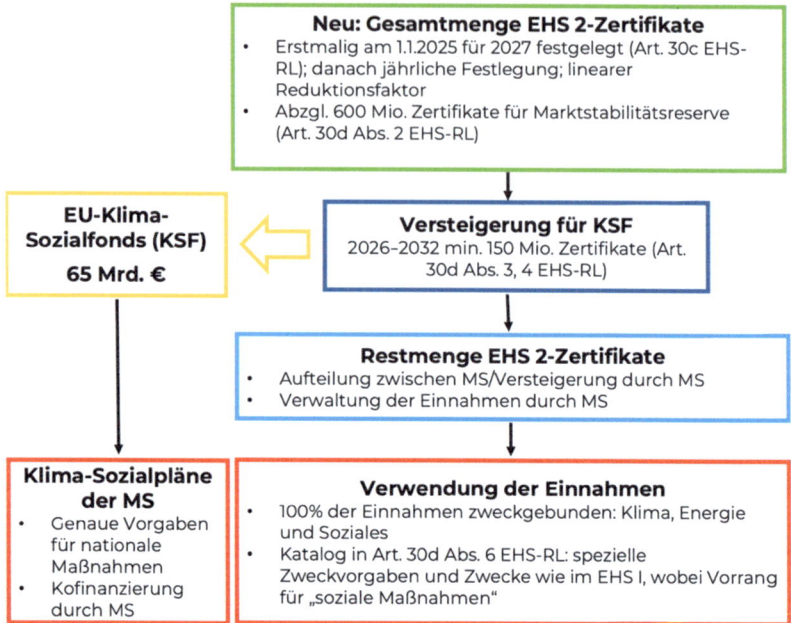

**Abb. 4.3** Verteilung der Zertifikate im EU ETS II und deren Mittelverwendung. (Quelle: Stiftung Umweltenergierecht (2023) [23], CC BY 4.0 – Creative Commons Lizenz)

## Literatur

1. Agora Energiewende und Agora Verkehrswende (2023): Der CO2-Preis für Gebäude und Verkehr. Ein Konzept für den Übergang vom nationalen zum EU-Emissionshandel. Abgerufen am 20.08.2024 von https://www.agora-energiewende.de/fileadmin/Projekte/2023/2023-26_DE_BEH_ETS_II/A-EW_311_BEH_ETS_II_WEB.pdf
2. EUR-Lex (2023). Richtlinie EU 2023/959 des Europäischen Parlaments und des Rates vom 10. Mai 2023 zur Änderung der Richtlinie 2003/87 EG über ein System für den Handel mit Treibhausgasemissionszertifikaten in der Union und des Beschlusses (EU) 2015/1814 über die Einrichtung und Anwendung einer Marktstabilitätsreserve für das System für den Handel mit Treibhausgasemissionszertifikaten in der Union. Abgerufen am 15.06.2024 von https://eur-lex.europa.eu/legal-content/DE/TXT/PDF/?uri=CELEX:32023L0959
3. Pause, F.; Nysten, J.; Busch, R.; Kamm, J.; Wimmer, M. (2024). Das Fit for 55-Paket und REPowerEU: Blick zurück und Blick nach vorne. Stiftung Umweltenergierecht vom 30.04.2024. Abgerufen am 15.07.2024 von https://stiftung-umweltenergierecht.de/wp-

# Literatur

content/uploads/2024/04/Das-Fit-for-55-Paket-und-REPowerEU-Blick-zurueck-und-Blick-nach-vorne_2024-04-30.pdf

4. Schrems, I.; Fiedler, S.; Zerzawy, F.; Hecker, J. (2023). Einführung eines Emissionshandelssystems für Gebäude, Straßenverkehr und zusätzliche Sektoren in der EU. Abgerufen am 20.08.2024 von https://foes.de/publikationen/2023/2023-09_FOES_Factsheet_EU-ETS_2.pdf

5. EUR-Lex (2023). Richtlinie EU 2023/959 des Europäischen Parlaments und des Rates vom 10. Mai 2023 zur Änderung der Richtlinie 2003/87 EG über ein System für den Handel mit Treibhausgasemissionszertifikaten in der Union und des Beschlusses (EU) 2015/1814 über die Einrichtung und Anwendung einer Marktstabilitätsreserve für das System für den Handel mit Treibhausgasemissionszertifikaten in der Union. Abgerufen am 15.06.2024 von https://eur-lex.europa.eu/legal-content/DE/TXT/PDF/?uri=CELEX:32023L0959

6. Schrems, I.; Fiedler, S.; Zerzawy, F.; Hecker, J. (2023). Einführung eines Emissionshandelssystems für Gebäue, Straßenverkehr und zusätzliche Sektoren in der EU. Abgerufen am 20.08.2024 von https://foes.de/publikationen/2023/2023-09_FOES_Factsheet_EU-ETS_2.pdf

7. EUR-Lex (2018). Verordnung (EU) 2018/842 des Europäischen Parlaments und des Rates vom 30. Mai 2018 zur Festlegung verbindlicher nationaler Jahresziele für die Reduzierung der Treibhausgasemissionen im Zeitraum 2021 bis 2030 als Beitrag zu Klimaschutzmaßnahmen zwecks Erfüllung der Verpflichtungen aus dem Übereinkommen von Paris sowie zur Änderung der Verordnung (EU) Nr. 525/2013. Abgerufen am 31.07.2024 von https://eur-lex.europa.eu/legal-content/DE/TXT/PDF/?uri=CELEX:32018R0842

8. EUR-Lex (2023). Richtlinie EU 2023/959 des Europäischen Parlaments und des Rates vom 10. Mai 2023 zur Änderung der Richtlinie 2003/87 EG über ein System für den Handel mit Treibhausgasemissionszertifikaten in der Union und des Beschlusses (EU) 2015/1814 über die Einrichtung und Anwendung einer Marktstabilitätsreserve für das System für den Handel mit Treibhausgasemissionszertifikaten in der Union. Abgerufen am 15.06.2024 von https://eur-lex.europa.eu/legal-content/DE/TXT/PDF/?uri=CELEX:32023L0959

9. Kalkuhl, M.; Kellner, M.; Bergmann, T.; Rütten, K. (2023). $CO_2$-Bepreisung zur Erreichung der Klimaneutralität im Verkehrs- und Gebäudesektor: Investitionsanreize und Verteilungswirkungen. Abgerufen am 20.08.2024 von https://www.mcc-berlin.net/fileadmin/data/C18_MCC_Publications/2023_MCC_CO2-Bepreisung_Klimaneutralität_Verkehr_Gebäude.pdf

10. Agora Energiewende und Agora Verkehrswende (2023): Der $CO_2$-Preis für Gebäude und Verkehr. Ein Konzept für den Übergang vom nationalen zum EU-Emissionshandel. Abgerufen am 20.08.2024 von https://www.agora-energiewende.de/fileadmin/Projekte/2023/2023-26_DE_BEH_ETS_II/A-EW_311_BEH_ETS_II_WEB.pdf

11. EUR-Lex (2023). Richtlinie EU 2023/959 des Europäischen Parlaments und des Rates vom 10. Mai 2023 zur Änderung der Richtlinie 2003/87 EG über ein System für den Handel mit Treibhausgasemissionszertifikaten in der Union und des Beschlusses (EU) 2015/1814 über die Einrichtung und Anwendung einer Marktstabilitätsreserve für das System für den Handel mit Treibhausgasemissionszertifikaten in der Union. Abgerufen am 15.06.2024 von https://eur-lex.europa.eu/legal-content/DE/TXT/PDF/?uri=CELEX:32023L0959

12. Pause, F.; Nysten, J.; Kamm, J. (2023). Das Fit for 55-Paket und REPowerEU: Updates und das neue System der EU-$CO_2$-Bepreisung. Abgerufen am 19.06.2024 von https://stiftung-umweltenergierecht.de/wp-content/uploads/2023/04/Stiftung-Umweltenergierecht_GreenDealerklaert_Update_CO2-Bepreisung_2023-04-06.pdf
13. Agora Energiewende und Agora Verkehrswende (2023): Der CO2-Preis für Gebäude und Verkehr. Ein Konzept für den Übergang vom nationalen zum EU-Emissionshandel. Abgerufen am 20.08.2024 von https://www.agora-energiewende.de/fileadmin/Projekte/2023/2023-26_DE_BEH_ETS_II/A-EW_311_BEH_ETS_II_WEB.pdf
14. EUR-Lex (2023). Richtlinie EU 2023/959 des Europäischen Parlaments und des Rates vom 10. Mai 2023 zur Änderung der Richtlinie 2003/87 EG über ein System für den Handel mit Treibhausgasemissionszertifikaten in der Union und des Beschlusses (EU) 2015/1814 über die Einrichtung und Anwendung einer Marktstabilitätsreserve für das System für den Handel mit Treibhausgasemissionszertifikaten in der Union. Abgerufen am 15.06.2024 von https://eur-lex.europa.eu/legal-content/DE/TXT/PDF/?uri=CELEX:32023L0959
15. Pause, F.; Nysten, J.; Kamm, J. (2023). Das Fit for 55-Paket und REPowerEU: Updates und das neue System der EU-$CO_2$-Bepreisung. Abgerufen am 19.06.2024 von https://stiftung-umweltenergierecht.de/wp-content/uploads/2023/04/Stiftung-Umweltenergierecht_GreenDealerklaert_Update_CO2-Bepreisung_2023-04-06.pdf
16. Agora Energiewende und Agora Verkehrswende (2023): Der CO2-Preis für Gebäude und Verkehr. Ein Konzept für den Übergang vom nationalen zum EU-Emissionshandel. Abgerufen am 20.08.2024 von https://www.agora-energiewende.de/fileadmin/Projekte/2023/2023-26_DE_BEH_ETS_II/A-EW_311_BEH_ETS_II_WEB.pdf
17. Pause, F.; Nysten, J.; Busch, R.; Kamm, J.; Wimmer, M. (2024). Das Fit for 55-Paket und REPowerEU: Blick zurück und Blick nach vorne. vom 30.04.2024. Abgerufen am 15.07.2024 von https://stiftung-umweltenergierecht.de/wp-content/uploads/2024/04/Das-Fit-for-55-Paket-und-REPowerEU-Blick-zurueck-und-Blick-nach-vorne_2024-04-30.pdf
18. JURIS (2019). Brennstoffemissionshandelsgesetz vom 12. Dezember 2019 (BGBl. I S. 2728), das zuletzt durch Artikel 7 des Gesetzes vom 22. Dezember 2023 (BGBl. 2023 I Nr. 412) geändert worden ist. Abgerufen am 19.08.2024 von https://www.gesetze-im-internet.de/behg/BEHG.pdf
19. EUR-Lex (2023). Richtlinie EU 2023/959 des Europäischen Parlaments und des Rates vom 10. Mai 2023 zur Änderung der Richtlinie 2003/87 EG über ein System für den Handel mit Treibhausgasemissionszertifikaten in der Union und des Beschlusses (EU) 2015/1814 über die Einrichtung und Anwendung einer Marktstabilitätsreserve für das System für den Handel mit Treibhausgasemissionszertifikaten in der Union. Abgerufen am 15.06.2024 von https://eur-lex.europa.eu/legal-content/DE/TXT/PDF/?uri=CELEX:32023L0959
20. EUR-Lex (2023). Richtlinie EU 2023/959 des Europäischen Parlaments und des Rates vom 10. Mai 2023 zur Änderung der Richtlinie 2003/87 EG über ein System für den Handel mit Treibhausgasemissionszertifikaten in der Union und des Beschlusses (EU) 2015/1814 über die Einrichtung und Anwendung einer Marktstabilitätsreserve für das System für den Handel mit Treibhausgasemissionszertifikaten in der Union. Abgerufen am 15.06.2024 von https://eur-lex.europa.eu/legal-content/DE/TXT/PDF/?uri=CELEX:32023L0959

21. EUR-Lex (2023). Richtlinie EU 2023/959 des Europäischen Parlaments und des Rates vom 10. Mai 2023 zur Änderung der Richtlinie 2003/87 EG über ein System für den Handel mit Treibhausgasemissionszertifikaten in der Union und des Beschlusses (EU) 2015/1814 über die Einrichtung und Anwendung einer Marktstabilitätsreserve für das System für den Handel mit Treibhausgasemissionszertifikaten in der Union. Abgerufen am 15.06.2024 von https://eur-lex.europa.eu/legal-content/DE/TXT/PDF/?uri=CELEX:32023L0959
22. Stiftung Umweltenergierecht (2023). Einnahmen aus dem Emissionshandel und Finanzierung des Klimageldes. Abgerufen am 03.01.2024 von https://stiftung-umweltenergierecht.de/wp-content/uploads/2023/07/Stiftung_Umweltenergierecht_EHS_Einnahmen-und-Klimageld.pdf
23. Pause, F.; Busch, R.; Harder, K. (2023). Das Fit for 55-Paket und REPowerEU: Einnahmen aus dem EU-Emissionshandel und Finanzierung des Klimagelds. Stiftung Umweltenergierecht vom 25.07.2023. Abgerufen von https://stiftung-umweltenergierecht.de/wp-content/uploads/2023/07/Stiftung_Umweltenergierecht_EHS_Einnahmen-und-Klimageld.pdf

# Mittelverwendung: Der Klima-Sozialfonds

## 5.1 Hintergrund und Zweck

> „… Etwa 34 Mio. Europäer:innen, fast 6,9 % der Bevölkerung der Union, haben in einer unionsweiten Erhebung aus dem Jahr 2021 erklärt, dass sie es sich nicht leisten können, ihre Wohnung bzw. ihr Haus ausreichend zu heizen …" [1].

Durch den Einbezug weiterer Sektoren wie dem Verkehr oder Gebäudebereich in den Emissionshandel dürfte die Entwicklung der Energiearmut verschärft werden, sofern keine Maßnahmen zur sozialen Abfederung der Mehrkosten durch die Umlage der Emissionszertifikate auf den Endkunden umgesetzt werden.

Wie bereits im einführenden Kap. 2 erläutert, sind marktwirtschaftliche Instrumente, wie z. B. der Emissionshandel, einerseits darauf ausgelegt, die externen Kosten von klima-, gesundheits- oder umweltschädlichen Praktiken einzupreisen. Genauso wichtig ist es aber auch, dass die dadurch generierten Einnahmen genutzt werden sollten, um diejenigen zu kompensieren, die durch die höheren Investitionskosten in z. B. klimafreundliche Technologien einen Wettbewerbsnachteil haben könnten oder Bürger:innen zu unterstützen, die durch höhere Energie- und Verbrauchskosten belastet werden. Aus diesem Grund sieht die EU neben der Einführung eines zweiten Emissionshandelssystem (EU-ETS II) die Einführung eines sog. Klima-Sozialfonds vor. Der Fonds soll über die aktuell vorgesehene Laufzeit mit einem Gesamtvolumen von etwa 86,7 Mrd. € ausgestattet sein [2]. Finanzieren soll er sich zum einen durch die Versteigerung von Zertifikaten, durch die bis zu 65 Mrd. € generiert werden sollen. Weitere 25 % werden durch nationale Mittel gedeckt.

Das Geld soll primär zur finanziellen Unterstützung für Haushalte, Kleinstunternehmen und Verkehrsnutzer:innnen verwendet werden. Im Fokus stehen besonders betroffene Haushalte, die von Energie- oder Mobilitätsarmut betroffen sind [3].

Nach der EU-Richtlinie EU-2023/955 [4], zur Einführung eines Klima-Sozialfonds, wird nach Art. 2 Nr. 1 unter dem Begriff Energiearmut der fehlende:

„… Zugang eines Haushalts zu essenziellen Energiedienstleistungen, die einen angemessenen Lebens- und Gesundheitsstandard gewährleisten, einschließlich einer angemessenen Versorgung mit Wärme, Kälte und Beleuchtung sowie Energie für den Betrieb von Haushaltsgeräten, im jeweiligen nationalen Kontext, unter Berücksichtigung der bestehenden sozialpolitischen und anderer einschlägiger Maßnahmen" verstanden. Der Begriff Mobilitätsarmut ist ebenfalls in Art. 2 Nr. 2 der EU-Richtlinie definiert. Mobilitätsarmut ist demnach der Umstand, wenn „… Einzelpersonen und Haushalte nicht in der Lage sind oder Schwierigkeiten dabei haben, die Kosten für privaten oder öffentlichen Verkehr zu tragen, oder dass sie keinen oder nur beschränkten Zugang zu Verkehrsmitteln haben, die für ihren Zugang zu grundlegenden sozioökonomischen Dienstleistungen und Tätigkeiten erforderlich sind, unter Berücksichtigung des nationalen und des räumlichen Kontexts" [5].

Insgesamt dürften in Deutschland nach einer Studie des Umweltbundesamtes etwa 2,3 Mio. Menschen von einer Energiearmut im Bereich Wärme und ca. 0,7 Mio. Menschen von einer Mobilitätsarmut betroffen sein. Aus diesem Grund verfolgt der Klima-Sozialfonds das allgemeine Ziel, einen gerechten Übergang zur Klimaneutralität zu gewährleisten und soziale Auswirkungen besser entgegenzuwirken (Art. 3 EU 2023/955) [6].

Das Geld wird jedoch nicht direkt von der EU über den Klima-Sozialfonds an die betroffenen Haushalte gezahlt, sondern ist an die Klima-Sozialpläne der einzelnen Mitgliedsstaaten gekoppelt. Der Klima-Sozialplan ist ein in sich stimmiges Paket:

„… bestehender oder neuer nationaler Maßnahmen und Investitionen, um den Auswirkungen der $CO_2$-Bepreisung auf benachteiligte Haushalte, benachteiligte Kleinstunternehmen und benachteiligte Verkehrsnutzer zu begegnen und so bezahlbares Heizen und Kühlen sowie erschwingliche Mobilität zu gewährleisten. Die genauen Details, welche Maßnahmen förderfähig sind, können im Detail Art. 8 EU 2023/955 entnommen werden" [7].

Der Klima-Sozialplan muss mit den nationalen Klimaschutzplänen gekoppelt sein und in der Entwicklung aufeinander abgestimmt. Die Ausgestaltung der Maßnahmen obliegt den Mitgliedsstaaten und kann von direkten Zahlungen, über Investitionszuschüsse oder steuerlichen Anreizen gehen, so lange die Mittel zweck-

## 5.2 Belastung Haushalte (Bsp. EU-ETS II)

gebunden im Sinne der Regelungen des Klima-Sozialfonds der EU eingesetzt werden Zur Finanzierung der Maßnahmen erhalten die Mitgliedsstaaten auf Basis eines festen Verteilungsschlüssels finanzielle Zuwendungen aus dem Klima-Sozialfonds, wobei gewisse Anteile (i. d. R. mindestens 25 % der notwendigen finanziellen Mittel) aus den nationalen Haushalten der Mitgliedsstaaten miteingebracht werden müssen.

## 5.2 Belastung Haushalte (Bsp. EU-ETS II)

Durch die Einführung bzw. Ausweitung des Emissionshandels steigen die Belastungen für die Privathaushalte an. Belastung für Haushalte, welche von einer Energie- oder Mobilitätsarmut betroffen sein könnten, sollen vom Klima-Sozialfonds aufgefangen werden. In einer Studie des Umweltbundesamtes aus dem Jahr 2022 wurde untersucht, welche potenziellen Belastungen je fossilem Energieträger bei einem angenommenen Zertifikatspreis von 55 € pro t $CO_2$ auf die Haushalte mit der Einführung des EU-ETS II zukämen (vgl. Tab. 5.1). Im Bereich Wärme wurde ein mittlerer Jahresverbrauch von 20.817 kWh/a angenommen, welcher bei einem durchschnittlichen Mix aus Gas, Heizöl und Kohle zu einer Mehrbelastung von 257 € pro Jahr führt. Mit einem Anstieg des Zertifikatspreises von 70 € pro t $CO_2$ steigt auch die durchschnittliche Belastung eines Haushaltes auf 328 € pro t an. Bei einem Zertifikatspreis von 100 € pro t sogar auf 468 € pro t [8].

Im Sektor Mobilität wurde ebenfalls eine Untersuchung der Mehrbelastungen der Haushalte durch die Einführung des europäischen Emissionshandels durchgeführt. Pro Haushalt wurde ein durchschnittlicher Jahresverbrauch fossiler Energieträger (Benzin, Diesel) von 1235 L pro Jahr ermittelt (vgl. Tab. 5.2). Bei einem Zertifikatspreis von 55 € pro t schätzt die Studie die durchschnittlichen Mehrbelastungen auf 159 € pro Jahr und Haushalt. Mit einem Anstieg des Zertifikats-

**Tab. 5.1** $CO_2$-Kosten für vulnerable Haushalte in Bezug auf $CO_2$-Bepreisung von Wärme (2,3 Mio. Haushalte). (Quelle: Umweltbundesamt (2022) [9], CC BY 4.0 – Creative Commons Lizenz)

| | Gas | Heizöl | Kohle | Gesamt | Pro Haushalt |
|---|---|---|---|---|---|
| Gesamtverbrauch (GWh/Jahr) | 33.013 | 13.948 | 1163 | 48.124 | 20.817 kWh/Jahr |
| $CO_2$-Kosten bei 55 €/t (Mio. €/Jahr) | 367 | 204 | 24 | 595 | 257 €/Jahr |
| $CO_2$-Kosten bei 70 €/t (Mio. €/Jahr) | 467 | 260 | 31 | 758 | 328 €/Jahr |
| $CO_2$-Kosten bei 100 €/t (Mio. €/Jahr) | 667 | 371 | 44 | 1082 | 468 €/Jahr |

**Tab. 5.2** $CO_2$-Kosten für vulnerable Haushalte in Bezug auf $CO_2$-Bepreisung von Mobilität (700.000 Haushalte). (Quelle: Umweltbundesamt (2022) [11], CC BY 4.0 – Creative Commons Lizenz)

|  | Benzin | Diesel | Gesamt | Pro Haushalt |
|---|---|---|---|---|
| Gesamtverbrauch (Mio. l /Jahr) | 1002 | 393 | 1395 | 1235 l/Jahr |
| $CO_2$-Kosten bei 55 €/t (Mio. €/Jahr) | 124 | 57 | 181 | 159 €/Jahr |
| $CO_2$-Kosten bei 70 €/t (Mio. €/Jahr) | 157 | 72 | 229 | 203 €/Jahr |
| $CO_2$-Kosten bei 100 €/t (Mio. €/Jahr) | 225 | 103 | 328 | 290 €/Jahr |

preises auf 70 € pro t steigt die Mehrbelastung auf 203 € pro Jahr an. Beträgt der Zertifikatspreis hingegen 100 € pro t, kommen etwa 290 € pro Jahr Mehrbelastungen auf die Haushalte zu [10].

## 5.3 Mittelverwendung

Zur Linderung der zusätzlichen finanziellen Belastung von sozialschwächeren Haushalten soll der Klima-Sozialfonds aufgelegt werden. Dieser Fonds wird aus Teileinnahmen aus den beiden Emissionshandelssystemen EU-ETS I und II finanziert. Die Einnahmen aus dem EU-ETS II sollen jedoch deutlich stärker zur Finanzierung des Fonds beitragen. Aus dem EU-ETS I sind lediglich die Einnahmen aus 50 Mio. Zertifikaten für den Klima-Sozialfonds vorgesehen, während aus dem EU-ETS II weitere 150 Mio. Zertifikate stammen. Die Einnahmen werden aus der Versteigerung von Zertifikaten erzielt, wobei die Höhe der Einnahmen pro Jahr, welche in den Klima-Sozialfonds fließen, gedeckelt ist.

Da die Mitgliedstaaten Mittel aus dem Klima-Sozialfonds nur beantragen können, wenn sie einen nationalen Klima-Sozialplan vorlegen und selbst mindestens 25 % Kofinanzierung beisteuern, erhöht sich das Gesamtvolumen des Fonds von ursprünglich 65 Mrd. € auf mindestens 86,75 Mrd. €. [12, 13] (vgl. Abb. 5.1).

Insgesamt dürfen maximal 37,5 % der verwendeten finanziellen Mittel als Direktzahlungen an finanziell schwächere Gruppen gehen. Die genauen Details für die zulässige Mittelverwendung sind in Art. 4 der EU-Richtlinie 2023/955 [15] zu finden. Demnach sollen die Mittel dort eingesetzt werden, wo sie auf strukturelle Maßnahmen zielen, und langfristige Veränderungen bewirken. Nach Art. 8 Abs. 1 sind mögliche Maßnahmen zur Aufsetzung von Unterstützungen zur Gebäuderenovierung im Bestand mit finanzschwächeren Haushalten. Ebenso sind Förderprogramme für einen verbesserten Zugang zu erschwinglichem, energieeffizientem Wohnraum, die Förderung von Beratungsdienstleistungen für Gebäuderenovierungs- oder Effizienzmaßnahmen oder die Förderung für eine verstärkte Nutzung des öffentlichen Nahverkehrs möglich [16, 17] (vgl. Abb. 5.2).

## 5.3 Mittelverwendung

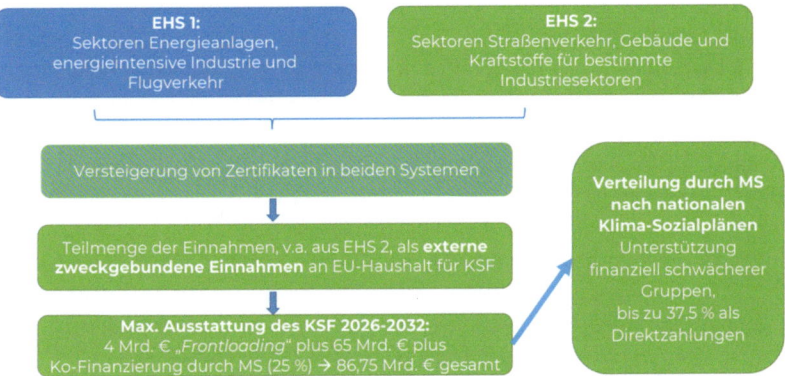

**Abb. 5.1** Zusammenspiel der EHS-Einnahmen und Klima-Sozialfonds (KSF). (Quelle: Stiftung Umweltenergierecht (2023) [14], CC BY 4.0 – Creative Commons Lizenz)

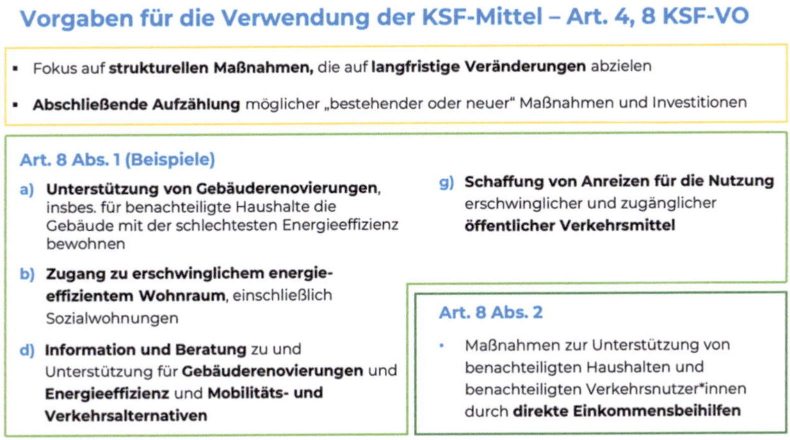

**Abb. 5.2** Vorgaben für die Verwendung der KSF-Mittel. (Quelle: Stiftung Umweltenergierecht (2023) [17], CC BY 4.0 – Creative Commons Lizenz)

Insgesamt ist anzumerken, dass die Bereitstellung der mindestens 65 Mrd. € durch jährliche Einnahmen bis 2032 erzielt und nicht direkt am Anfang oder jährlich bereitgestellt werden sollen (Art. 30d Abs. 3 EU 2023/955). Da die Einnahmen, welche in den Fond fließen, jährlich nach oben gedeckelt sind, existiert ein festgelegter Erlösfahrplan, welcher in der EU-Richtlinie 2023/955 geregelt ist. Dieser enthält zwei Optionen. Einen für den Fall, dass das EU-ETS II zum Zeitpunkt 2027 offiziell und pünktlich startet und einen weiteren, falls das EU-ETS II sich um ein Jahr verzögern sollte, z. B. aufgrund einer hohen Preisentwicklung fossiler Energieträger. Überschüssige Erlöse können unter Auflagen durch die Mitgliedsstaaten selbst verwendet werden, sofern die EU nicht von ihren Möglichkeiten Gebrauch macht, weitere Mittel aus dem EU-ETS II in den Haushalt als Eigenmittel nach Art. 311 Abs. 3 AEUV einzuplanen. Für die Verwendung der Überschüsse ist der Zweckrahmen nach Art. 10 Abs. 3 der EU-Richtlinie 2023/959 zu berücksichtigen. Die Mittelverwendung für soziale Zwecke, die Dekarbonisierung der Wärme- und Kälteerzeugung, der Verringerung des Energiebedarfs von Gebäuden, vor allem bei einkommensschwächeren Haushalten, der Aufbau von Ladeinfrastruktur oder Förderung emissionsfreier Antriebe sind zu priorisieren. Genauso sind mögliche Doppelbelastungen durch mehrere Emissionshandelssysteme durch die Einnahmen priorisiert zu kompensieren. Die Begünstigung der Handlungsfelder kann durch steuerliche oder regulatorische Entlastungen erfolgen.

Insgesamt ist als konkreter Erlöspfad für den Klima-Sozialfond folgender Zeitplan vorgesehen (Art. 30d EU 2023/955), sofern das EU-ETS II ohne Verschiebung startet [18, 19]– siehe Tab. 5.3.

**Tab. 5.3** Mittelaufbau im Klima-Sozialfond (KSF). (Quellen: Stiftung Umweltenergierecht (2023) [20], CC BY 4.0 – Creative Commons Lizenz und EUR-Lex (2023) [21])

| Jahr | Start EU-ETS II ohne Verzögerung | Start EU-ETS II mit Verzögerung +1 Jahr |
|---|---|---|
| 2026 | 4,0 Mrd. € | |
| 2027 | 10,9 Mrd. € | |
| 2028 | 10,5 Mrd. € | 11,4 Mrd. € |
| 2029 | 10,3 Mrd. € | 10,3 Mrd. € |
| 2030 | 10,1 Mrd. € | 10,1 Mrd. € |
| 2031 | 9,8 Mrd. € | 9,8 Mrd. € |
| 2032 | 9,4 Mrd. € | 9,0 Mrd. € |
| **Summe** | **65,0 Mrd. €** | **54,6 Mrd. €** |

# Literatur

1. EUR-Lex (2023). Richtlinie EU 2023/959 des Europäischen Parlaments und des Rates vom 10. Mai 2023 zur Änderung der Richtlinie 2003/87 EG über ein System für den Handel mit Treibhausgasemissionszertifikaten in der Union und des Beschlusses (EU) 2015/1814 über die Einrichtung und Anwendung einer Marktstabilitätsreserve für das System für den Handel mit Treibhausgasemissionszertifikaten in der Union. Abgerufen am 15.06.2024 von https://eur-lex.europa.eu/legal-content/DE/TXT/PDF/?uri=CELEX:32023L0959
2. Europäisches Parlament (2023). Klima-Sozialfonds: wie das Parlament eine gerechte Energiewende verwirklichen will. Abgerufen am 19.08.2024 von https://www.europarl.europa.eu/topics/de/article/20220519STO30401/klima-sozialfonds-wie-das-ep-eine-gerechte-energiewende-verwirklichen-will
3. EUR-Lex (2023). Verordnung EU-2023/955 des Europäischen Parlaments und des Rates vom 10. Mai 2023 zur Einrichtung eines Klima-Sozialfonds und zur Änderung der Verordnung (EU) 2021/1060. Abgerufen am 20.06.2024 von https://eur-lex.europa.eu/legal-content/DE/TXT/?uri=CELEX%3A32023R0955
4. EUR-Lex (2023). Verordnung EU-2023/955 des Europäischen Parlaments und des Rates vom 10. Mai 2023 zur Einrichtung eines Klima-Sozialfonds und zur Änderung der Verordnung (EU) 2021/1060. Abgerufen am 20.06.2024 von https://eur-lex.europa.eu/legal-content/DE/TXT/?uri=CELEX%3A32023R0955
5. EUR-Lex (2023). Verordnung EU-2023/955 des Europäischen Parlaments und des Rates vom 10. Mai 2023 zur Einrichtung eines Klima-Sozialfonds und zur Änderung der Verordnung (EU) 2021/1060. Abgerufen am 20.06.2024 von https://eur-lex.europa.eu/legal-content/DE/TXT/?uri=CELEX%3A32023R0955
6. EUR-Lex (2023). Verordnung EU-2023/955 des Europäischen Parlaments und des Rates vom 10. Mai 2023 zur Einrichtung eines Klima-Sozialfonds und zur Änderung der Verordnung (EU) 2021/1060. Abgerufen am 20.06.2024 von https://eur-lex.europa.eu/legal-content/DE/TXT/?uri=CELEX%3A32023R0955
7. EUR-Lex (2023). Verordnung EU-2023/955 des Europäischen Parlaments und des Rates vom 10. Mai 2023 zur Einrichtung eines Klima-Sozialfonds und zur Änderung der Verordnung (EU) 2021/1060. Abgerufen am 20.06.2024 von https://eur-lex.europa.eu/legal-content/DE/TXT/?uri=CELEX%3A32023R0955
8. Umweltbundesamt (2022). Der Klima-Sozialfonds im Fit-for-55-Paket der Europäischen Kommission. Abgerufen am 21.01.2024 von https://www.umweltbundesamt.de/sites/default/files/medien/479/publikationen/texte_58-2022_der_klima-sozialfonds_im_fit-for-55-paket_der_europaeischen_kommission.pdf
9. Umweltbundesamt (2022). Der Klima-Sozialfonds im Fit-for-55-Paket der Europäischen Kommission. Abgerufen am 21.01.2024 von https://www.umweltbundesamt.de/sites/default/files/medien/479/publikationen/texte_58-2022_der_klima-sozialfonds_im_fit-for-55-paket_der_europaeischen_kommission.pdf
10. Umweltbundesamt (2022). Der Klima-Sozialfonds im Fit-for-55-Paket der Europäischen Kommission. Abgerufen am 21.01.2024 von https://www.umweltbundesamt.de/sites/default/files/medien/479/publikationen/texte_58-2022_der_klima-sozialfonds_im_fit-for-55-paket_der_europaeischen_kommission.pdf

11. Umweltbundesamt (2022). Der Klima-Sozialfonds im Fit-for-55-Paket der Europäischen Kommission. Abgerufen am 21.01.2024 von https://www.umweltbundesamt.de/sites/default/files/medien/479/publikationen/texte_58-2022_der_klima-sozialfonds_im_fit-for-55-paket_der_europaeischen_kommission.pdf
12. Pause, F.; Nysten, J.; Kamm, J. (2023). Das Fit for 55-Paket und REPowerEU: Updates und das neue System der EU-$CO_2$-Bepreisung. Abgerufen am 19.06.2024 von https://stiftung-umweltenergierecht.de/wp-content/uploads/2023/04/Stiftung-Umweltenergierecht_GreenDealerklaert_Update_CO2-Bepreisung_2023-04-06.pdf
13. EUR-Lex (2023). Verordnung EU-2023/955 des Europäischen Parlaments und des Rates vom 10. Mai 2023 zur Einrichtung eines Klima-Sozialfonds und zur Änderung der Verordnung (EU) 2021/1060. Abgerufen am 20.06.2024 von https://eur-lex.europa.eu/legal-content/DE/TXT/?uri=CELEX%3A32023R0955
14. Pause, F.; Nysten, J.; Kamm, J. (2023). Das Fit for 55-Paket und REPowerEU: Updates und das neue System der EU-$CO_2$-Bepreisung. Abgerufen am 19.06.2024 von https://stiftung-umweltenergierecht.de/wp-content/uploads/2023/04/Stiftung-Umweltenergierecht_GreenDealerklaert_Update_CO2-Bepreisung_2023-04-06.pdf
15. EUR-Lex (2023). Verordnung EU-2023/955 des Europäischen Parlaments und des Rates vom 10. Mai 2023 zur Einrichtung eines Klima-Sozialfonds und zur Änderung der Verordnung (EU) 2021/1060. Abgerufen am 20.06.2024 von https://eur-lex.europa.eu/legal-content/DE/TXT/?uri=CELEX%3A32023R0955
16. Pause, F.; Nysten, J.; Kamm, J. (2023). Das Fit for 55-Paket und REPowerEU: Updates und das neue System der EU-$CO_2$-Bepreisung. Abgerufen am 19.06.2024 von https://stiftung-umweltenergierecht.de/wp-content/uploads/2023/04/Stiftung-Umweltenergierecht_GreenDealerklaert_Update_CO2-Bepreisung_2023-04-06.pdf
17. Pause, F.; Busch, R.; Harder, K. (2023). Das Fit for 55-Paket und REPowerEU: Einnahmen aus dem EU-Emissionshandel und Finanzierung des Klimagelds. Stiftung Umweltenergierecht vom 25.07.2023. Abgerufen von https://stiftung-umweltenergierecht.de/wp-content/uploads/2023/07/Stiftung_Umweltenergierecht_EHS_Einnahmen-und-Klimageld.pdf
18. Stiftung Umweltenergierecht (2023). Das Fit for 55-Paket und REPowerEU: Updates und das neue System der EU-CO2-Bepreisung. Abgerufen am 19.01.2024 von https://stiftung-umweltenergierecht.de/wp-content/uploads/2023/07/Stiftung_Umweltenergierecht_EHS_Einnahmen-und-Klimageld.pdf
19. EUR-Lex (2023). Verordnung (EU) 2023/955 des Europäischen Parlaments und des Rates vom 10. Mai 2023 zur Einrichtung eines Klima-Sozialfonds und zur Änderung der Verordnung (EU) 2021/1060. Abgerufen am 20.06.2024 von https://eur-lex.europa.eu/legal-content/DE/TXT/?uri=CELEX%3A32023R0955
20. Stiftung Umweltenergierecht (2023). Das Fit for 55-Paket und REPowerEU: Updates und das neue System der EU-CO2-Bepreisung. Abgerufen am 19.01.2024 von https://stiftung-umweltenergierecht.de/wp-content/uploads/2023/04/Stiftung-Umweltenergierecht_GreenDealerklaert_Update_CO2-Bepreisung_2023-04-06.pdf
21. EUR-Lex (2023). Verordnung (EU) 2023/955 des Europäischen Parlaments und des Rates vom 10. Mai 2023 zur Einrichtung eines Klima-Sozialfonds und zur Änderung der Verordnung (EU) 2021/1060. Abgerufen am 20.06.2024 von https://eur-lex.europa.eu/legal-content/DE/TXT/?uri=CELEX%3A32023R0955

# 6  $CO_2$-Grenzausgleichsmechanismus (CBAM) – die internationale Wettbewerbsfähigkeit sichern

## 6.1 Hintergrund und Zweck des Ausgleichsmechanismus

Zurück zum EU-ETS I: Um die Klimaschutzambitionen und das Umsetzungstempo zur Emissionsreduktion zu erhöhen, plant die EU mittelfristig die Vergabe von kostenlosen Zertifikaten im EU-ETS I abzuschaffen. Die Abschaffung der kostenfreien Zertifikatsvergabe würde jedoch die Gefahr der Verlagerung von Produktionskapazitäten in Drittstaaten fördern, weswegen die EU ein neues Steuerungsinstrument des $CO_2$-Grenzausgleiches (Carbon Border Adjustment Mechanism – CBAM) beschlossen hat.

Das Ziel des CBAM ist es, das Carbon-Leakage-Risiko von herstellungsbedingten Treibhausgas-(THG)-Emissionen für Waren bei ihrer Einfuhr in das Zollgebiet der Union zu verhindern. Außerdem soll der CBAM dazu beitragen, dass Unternehmen in Drittstaaten ihre Emissionen verringern, wenn sie Waren in die EU einführen wollen. Somit verfolgt der CBAM auch eine indirekte Lenkungswirkung.

Anwendung findet der CBAM jedoch nicht auf alle Produkte, welche in die EU eingeführt werden. Stattdessen gelten die Regelungen nur „… für die direkten herstellungsbedingten (grauen) Emissionen bestimmter Importgüter (Grundstoffe und Grunderzeugnisse) aus den Sektoren Zement, Strom, Düngemittel, Eisen und Stahl sowie Aluminium. Nach einer Überprüfung kann der Anwendungsbereich nach 2025 auf andere Sektoren und/oder auf indirekte THG- Emissionen ausgeweitet werden" [1].

Das neue Steuerungsinstrument soll nicht unmittelbar gelten, sondern von einer Übergangsphase begleitet werden. Von 2023 bis einschließlich 2025 sollen die

Unternehmen keinen finanziellen Verpflichtungen unterliegen. Jedoch startet zu diesem Zeitpunkt das Monitoring der Emissionen der betroffenen Unternehmen. Erst ab 2026 ist der Erwerb von CBAM-Zertifikaten für die Importeure notwendig. Die Zertifikate müssen den gesamten Bedarf an Emissionen im Zusammenhang der importierten Ware abdecken.

Der Erwerb der Zertifikate erfolgt über die nationalen Behörden oder Vergabestellen. Der CBAM-Preis basiert auf den durchschnittlichen EUA-Auktionspreisen der vorangegangenen Woche.

Ab 2026 beginnt dann der schrittweise Abbau der kostenlosen Zertifikate, sodass die kostenlose Zertifikatsausgabe erst 2035 vollständig ausläuft. Im Zuge dieser Übergangsphase erfolgt eine Korrelation zwischen den abzugebenden CBAM-Zertifikaten und der sinkenden kostenlosen Zuteilung.

Maßgeblich ist der sog. CBAM-Faktor. Dieser Faktor beschreibt, wie hoch der Anteil kostenloser Zertifikate an dem jeweiligen Gut ist. Beträgt der Faktor 100 %, erhält das Unternehmen nach dem EU-ETS I alle Zertifikate kostenlos. Beträgt der Faktor 0 % sind vollständig kostenpflichtige CBAM-Zertifikate zu beschaffen. Der CBAM-Faktor sollte während des Zeitraums zwischen dem Inkrafttreten der Verordnung und dem Ende des Jahres 2025 bei 100 % und, vorbehaltlich der Anwendung der in Artikel 36 Absatz 2 Buchstabe b [2] jener Verordnung genannten Bestimmungen, bei

- 97,5 % im Jahr 2026,
- 95 % im Jahr 2027,
- 90 % im Jahr 2028,
- 77,5 % im Jahr 2029,
- 51,5 % im Jahr 2030,
- 39 % im Jahr 2031,
- 26,5 % im Jahr 2032 und
- 14 % im Jahr 2033 liegen.

Ab 2034 soll kein CBAM-Faktor mehr gelten. Für das Jahr 2030 ist außerdem eine Ausweitung des CBAM auf alle Produkte vorgesehen, welche unter das EU-ETS I fallen [3].

Einige Länder, wie z. B. die Schweiz, welche eng mit der EU verknüpft, aber nicht Teil der EU sind, sind von den Regelungen befreit. Ebenso haben weitere Länder die Möglichkeit sich nachträglich von den Anforderungen des CBAM befreien zu lassen, sofern sie ein Abkommen mit der EU unterzeichnen, womit sie „… ein höheres Maß an Wirksamkeit und Ehrgeiz bei der Dekarbonisierung eines Sektors gewährleisten" [4].

## 6.2 Funktionsweise

Um in Zukunft noch Waren in die EU importieren zu können, die in den Geltungsbereich des CBAM fallen, müssen Importeure CBAM-Zertifikate abgeben, welche den gesamten herstellungsbedingten grauen Emissionen der Waren entsprechen. Hat der Importeur bereits für die Ware einen $CO_2$-Preis im Produktionsland bezahlen müssen, kann dieser auf die notwendigen CBAM-Zertifikate gegengerechnet werden. Für die Ausgabe der CBAM-Zertifikate hat jeder Mitgliedsstaat eine eigene Ausgabestelle zu ernennen, die Gesamtkoordination aller nationalen Verzeichnisse erfolgt durch die EU. Jeder Importeur muss bis zum 31. Mai eines jeden Jahres eine CBAM-Erklärung für das kommende Jahr abgeben, welche folgende Inhalte enthält [5] [6]:

- „Die Gesamtmenge jeder Warenart, die in dem der Anmeldung vorausgehenden Kalenderjahr eingeführt wurde, ausgedrückt in Megawattstunden bei Elektrizität und in Tonnen bei anderen Waren.
- Die gesamten grauen Emissionen, ausgedrückt in Tonnen $CO_{2e}$-Emissionen pro Megawattstunde Strom oder für andere Güter pro Tonne $CO_{2e}$-Emissionen pro Tonne der jeweiligen Warenart.
- Die Gesamtzahl der abzugebenden CBAM-Zertifikate; diese entspricht den gesamten grauen Emissionen nach der Verringerung aufgrund eines im Herkunftsland gezahlten Kohlenstoffpreises und der erforderlichen Anpassung im Umfang der im EU-ETS kostenlos zugeteilten Zertifikate" [7].

Auf Basis der Erklärung verkauft die Ausgabestelle dem Importeur die notwendigen CBAM-Zertifikate. Der Preis der CBAM-Zertifikate ergibt sich auf der Grundlage eines Durchschnittspreises der EUA-Schlusskurse auf der gemeinsamen Auktionsplattform für jede Kalenderwoche.

Mit Ausnahme von importierter Elektrizität erfolgt die Berechnung der grauen Emissionen für die betroffenen Güter auf Grundlage der tatsächlichen Emissionen. Hierbei wird unterschieden zwischen einfachen und komplexen Gütern.

Bei den zugeordneten Emissionen handelt es sich um die direkten Emissionen der Anlage während des Produktionsprozesses innerhalb des Berichtszeitraums. Das Aktivitätsniveau beschreibt die Menge der produzierten Güter während des Berichtszeitraums in dieser Anlage. Die *komplexen Güter* berücksichtigen im Gegensatz zu den einfachen Gütern nicht nur die Emissionen aus der Produktionsanlage, sondern umfassen den gesamten Produktionsprozess.

Im Rahmen des Produktionsprozesses werden nur die Materialien berücksichtigt, die für die Systemgrenzen des Produktionsprozesses relevant sind. Benötigt ein Importeur nicht alle Zertifikate, die er im Laufe des Jahres beantragt hat, kann er im Folgejahr bei der Ausgabestelle eine Rückerstattung des Werts der Zertifikate beantragen. Der Rückkaufpreis entspricht dem historischen Kaufpreis des Importeurs. Alternativ können die verbleibenden Zertifikate auch auf dem Konto des Importeurs verbleiben und im nächsten Kalenderjahr genutzt werden, sofern der Importeur dies beantragt. Die Menge der Zertifikate, welche auf dem Konto verbleiben oder zurückgekauft werden können, ist auf 1/3 der ausgegebenen CBAM-Zertifikate beschränkt. Die benötigten CBAM-Zertifikate werden vom Konto des Importeurs gelöscht. Genauso die Zertifikate, die nicht genutzt wurden und wofür kein Antrag auf Weiternutzung oder Rückkauf gestellt wurde (vgl. Abb. 6.1).

Die Einführung der zu importierenden Waren, welche unter den CBAM fallen, ist nur noch dann erlaubt, wenn der Importeur an dem $CO_2$-Grenzausgleichsmechanismus teilnimmt, und die Menge der importierten Waren durch CBAM-Zertifikate abgedeckt werden. Die Kontrolle zur Einfuhr der Waren obliegt dem deutschen Zoll. Er kontrolliert auch den Produktcode (KN-Code), die Menge und das Ursprungsland der eingeführten Waren [9] [10].

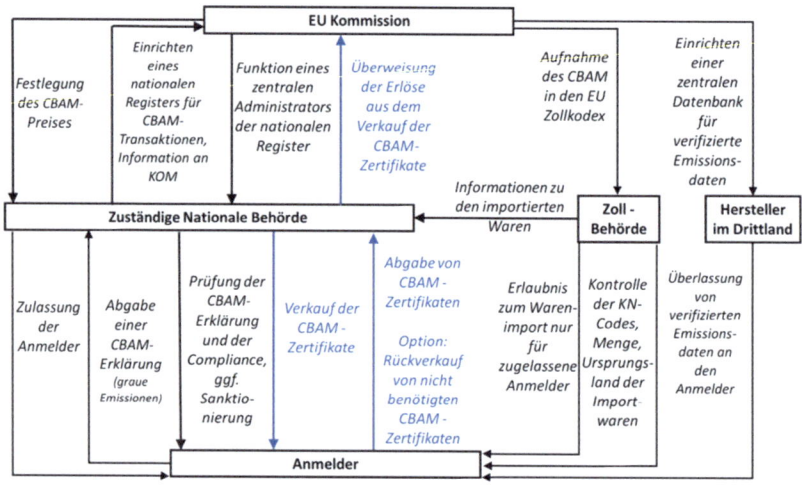

**Abb. 6.1** Funktionsprinzip des CBAM. (Quelle: Umweltbundesamt auf Grundlage der eigenen Darstellung des Öko-Instituts auf Basis des CBAM-Vorschlags der Kommission vom 14. Juli 2021 (2021) [8], CC BY 4.0 – Creative Commons Lizenz)

## 6.3 Mittelverwendung

Die einschlägigen delegierten Rechtsakte über die kostenlose Zuteilung sollten für die Sektoren und Teilsektoren, die unter das CBAM fallen, entsprechend angepasst werden. Die Zertifikate, die den CBAM-Sektoren auf der Grundlage dieser Berechnung (CBAM-Nachfrage) nicht mehr kostenlos zugeteilt werden, sollen dem Innovationsfonds hinzugefügt werden, um Innovationen in den Bereichen $CO_2$-arme Technologien, $CO_2$-Abscheidung und -Nutzung (CCU), Abscheidung, Transport und geologische Speicherung von $CO_2$ (CCS), erneuerbare Energien und Energiespeicherung in einer Weise zu unterstützen, die zur Eindämmung des Klimawandels beiträgt.

Um sicherzustellen, dass der Anteil der kostenlos zugeteilten Zertifikate für Sektoren außerhalb des CBAM eingehalten wird, sollte die endgültige Menge, die von der kostenlosen Zuteilung abgezogen und dem Innovationsfonds zur Verfügung gestellt wird, auf der Grundlage des Anteils der CBAM-Nachfrage am Gesamtbedarf aller Sektoren berechnet werden, die kostenlose Zuteilungen erhalten [11, 12].

Darüber hinaus sollte es den Mitgliedstaaten gestattet sein, Versteigerungseinnahmen zu verwenden, um dem Restrisiko der Verlagerung von $CO_2$-Emissionen in CBAM-Sektoren im Einklang mit den Vorschriften für staatliche Beihilfen entgegenzuwirken.

„Werden Zertifikate aufgrund einer Verringerung der kostenlosen Zuteilung in Anwendung der Konditionalitätsregeln nicht in vollem Umfang genutzt, um Anlagen mit der niedrigsten Treibhausgasemissionsintensität von der sektorübergreifenden Korrektur auszunehmen, sollten 50 % dieser Restzertifikate dem Innovationsfonds hinzugefügt werden. Die übrigen 50 % sollten im Namen der Mitgliedstaaten versteigert werden, und sie sollten die sich hieraus ergebenden Einnahmen nutzen können, um einem etwaigen Restrisiko der Verlagerung von $CO_2$-Emissionen in CBAM-Sektoren entgegenzuwirken"[13].

## Literatur

1. Umweltbundesamt (2021). Einführung eines $CO_2$-Grenzausgleichssystems (CBAM) in der EU. Abgerufen am 22.01.2024 von https://www.umweltbundesamt.de/sites/default/files/medien/3521/dokumente/cbam_factsheet_de_1.1.pdf
2. EUR-Lex (2023). Verordnung (EU) 2023/956 des Europäischen Parlaments und des Rates vom 10. Mai 2023 vom 10. Mai 2023 zur Schaffung eines CO2-Grenzausgleichssystems.

Abgerufen am 03.08.2024 von https://eur-lex.europa.eu/legal-content/DE/TXT/PDF/?uri=CELEX:32023R0956&qid=1724702513008

3. EUR-Lex (2023). Richtlinie EU 2023/959 des Europäischen Parlaments und des Rates vom 10. Mai 2023 zur Änderung der Richtlinie 2003/87 EG über ein System für den Handel mit Treibhausgasemissionszertifikaten in der Union und des Beschlusses (EU) 2015/1814 über die Einrichtung und Anwendung einer Marktstabilitätsreserve für das System für den Handel mit Treibhausgasemissionszertifikaten in der Union. Abgerufen am 15.06.2024 von https://eur-lex.europa.eu/legal-content/DE/TXT/PDF/?uri=CELEX:32023L0959

4. Umweltbundesamt (2021). Einführung eines CO2-Grenzausgleichssystems (CBAM) in der EU. Abgerufen am 22.06.2024 von https://www.umweltbundesamt.de/sites/default/files/medien/3521/dokumente/cbam_factsheet_de_1.1.pdf

5. EUR-Lex (2023). Richtlinie EU 2023/959 des Europäischen Parlaments und des Rates vom 10. Mai 2023 zur Änderung der Richtlinie 2003/87 EG über ein System für den Handel mit Treibhausgasemissionszertifikaten in der Union und des Beschlusses (EU) 2015/1814 über die Einrichtung und Anwendung einer Marktstabilitätsreserve für das System für den Handel mit Treibhausgasemissionszertifikaten in der Union. Abgerufen am 15.06.2024 von https://eur-lex.europa.eu/legal-content/DE/TXT/PDF/?uri=CELEX:32023L0959

6. Umweltbundesamt (2021). Einführung eines $CO_2$-Grenzausgleichssystems (CBAM) in der EU. Abgerufen am 22.01.2024 von https://www.umweltbundesamt.de/sites/default/files/medien/3521/dokumente/cbam_factsheet_de_1.1.pdf

7. Umweltbundesamt (2021). Einführung eines $CO_2$-Grenzausgleichssystems (CBAM) in der EU. Abgerufen am 22.06.2024 von https://www.umweltbundesamt.de/sites/default/files/medien/3521/dokumente/cbam_factsheet_de_1.1.pdf

8. Umweltbundesamt (2021). Einführung eines $CO_2$-Grenzausgleichssystems (CBAM) in der EU. Abgerufen am 22.06.2024 von https://www.umweltbundesamt.de/sites/default/files/medien/3521/dokumente/cbam_factsheet_de_1.1.pdf

9. EUR-Lex (2023). Richtlinie EU 2023/959 des Europäischen Parlaments und des Rates vom 10. Mai 2023 zur Änderung der Richtlinie 2003/87 EG über ein System für den Handel mit Treibhausgasemissionszertifikaten in der Union und des Beschlusses (EU) 2015/1814 über die Einrichtung und Anwendung einer Marktstabilitätsreserve für das System für den Handel mit Treibhausgasemissionszertifikaten in der Union. Abgerufen am 15.06.2024 von https://eur-lex.europa.eu/legal-content/DE/TXT/PDF/?uri=CELEX:32023L0959

10. Umweltbundesamt (2021). Einführung eines $CO_2$-Grenzausgleichssystems (CBAM) in der EU. Abgerufen am 22.06.2024 von https://www.umweltbundesamt.de/sites/default/files/medien/3521/dokumente/cbam_factsheet_de_1.1.pdf

11. Pause, F.; Nysten, J.; Kamm, J. (2023). Das Fit for 55-Paket und REPowerEU: Updates und das neue System der EU-$CO_2$-Bepreisung. Abgerufen am 19.06.2024 von https://stiftung-umweltenergierecht.de/wp-content/uploads/2023/04/Stiftung-Umweltenergierecht_GreenDealerklaert_Update_CO2-Bepreisung_2023-04-06.pdf

12. Umweltbundesamt (2021). Einführung eines $CO_2$-Grenzausgleichssystems (CBAM) in der EU. Abgerufen am 22.06.2024 von https://www.umweltbundesamt.de/sites/default/files/medien/3521/dokumente/cbam_factsheet_de_1.1.pdf

13. EUR-Lex (2023). Richtlinie EU 2023/959 des Europäischen Parlaments und des Rates vom 10. Mai 2023 zur Änderung der Richtlinie 2003/87 EG über ein System für den Handel mit Treibhausgasemissionszertifikaten in der Union und des Beschlusses (EU) 2015/1814 über die Einrichtung und Anwendung einer Marktstabilitätsreserve für das System für den Handel mit Treibhausgasemissionszertifikaten in der Union. Abgerufen am 15.06.2024 von https://eur-lex.europa.eu/legal-content/DE/TXT/PDF/?uri=CELEX:32023L0959

# Die $CO_2$-Bepreisung in Deutschland und der Übergang zum Nationalen Emissionshandel und zum ETS II

7

## 7.1 Hintergrund und Zweck

Bereits 2019 war klar, dass Deutschland kaum seine Verpflichtungen zur Emissionsreduktion im Rahmen der EU-Lastenteilungsverordnung erreichen würde. Im Klartext bedeutete dies, 38 % Einsparungen bis 2030 gegenüber 2005 zu realisieren, um empfindliche Strafzahlungen zu vermeiden. Daher wurde nach Möglichkeiten gesucht, einen deutlich steileren $CO_2$-Minderungspfad zu etablieren. Dazu sollten klare ökonomische Anreize geschaffen werden, um vor allem Investitionssicherheit zu gewährleisten und Innovationen anzureizen. Zudem sind die bisherigen Maßnahmen sozial unausgewogen [1].

Am 1. Januar 2021 gab Deutschland daher den Startschuss für seinen nationalen Emissionshandel (nETS). Damit trat das Brennstoffemissionshandelsgesetz (BEHG) [2] in Kraft. Die Motivation hinter dem BEHG ist, die in Deutschland klaffende Lücke zwischen Emissionsreduktion und realer Emissionsentwicklung besonders in den Sektoren Verkehr und Gebäude zu schließen. Mit anderen Worten, der nationale Emissionshandel verfolgt das Ziel, auch die Sektoren in den Emissionshandel miteinzubeziehen, welche bislang nicht vom EU-ETS I betroffen waren. Ab 2024 ist auch der Sektor Abfall in den nETS integriert [3] [4].

## 7.2 Funktionsprinzip

Wenn Sie jetzt folgerichtig kombinieren, dann würden Sie sich spätestens an dieser Stelle wundern, warum Sie bisher in Deutschland sehr wahrscheinlich noch nichts von einem eigenen Emissions*handel* in den Sektoren Gebäude und Verkehr gehört

© Der/die Autor(en), exklusiv lizenziert an Springer Fachmedien Wiesbaden GmbH, ein Teil von Springer Nature 2025
C. Adolf, M. Linnemann, *Der Europäische Emissionshandel*,
https://doi.org/10.1007/978-3-658-46879-8_7

haben. Sehr wahrscheinlich haben Sie aber sehr wohl von dem deutschen $CO_2$-Preis gehört, der seit 2021 auf diese Sektoren und ab 2024 auch auf den Sektor der Abfallwirtschaft erhoben wird. Die Erklärung ist denkbar einfach: Genau genommen handelt es sich bei dem derzeitigen nationalen $CO_2$-Bepreisungsinstrument um eine $CO_2$-Steuer und keinesfalls um einen Emissionshandel. Das Gesetz als „Brennstoffemissionshandelsgesetz" zu betiteln ist also streng genommen ein Etikettenschwindel. Zumindest bis zum 01.01.2026. Wenn wir uns die Grundlagen aus Kap. 2 noch einmal vergegenwärtigen, dann wird deutlich, warum wir hier erst einmal von einer $CO_2$-Steuer sprechen: Es ist ein Preisinstrument und kein Mengeninstrument wie ein Emissionshandel. Faktisch bedeutet dies, dass der nETS im Gegensatz zum EU-ETS zunächst keine Begrenzung (Cap) der auszugebenden $CO_2$-Zertifikate vorsieht. Während wir gesagt hatten, dass sich der Preis im Emissionshandel durch die mengenmäßige Verknappung der Zertifikate am Markt ergibt und damit nicht ex-ante vorhersehbar ist, zeichnet sich eine Steuer dadurch aus, dass es keine Mengenreduktion (Cap) gibt. Der Staat legt vielmehr einen Festpreis pro emittierter Tonne $CO_2$ fest. Die Steuer setzt damit einen festen Preis, durch dessen Höhe dann die Mengen an Emissionen bestimmt werden. Dieser Preis kann in bestimmten Zeitabständen angehoben werden. Im BEHG ist eine jährliche Anhebung vorgesehen. Damit sind die $CO_2$-Preise in einem Steuersystem besser vorhersehbar als in einem Emissionshandelssystem. Dieses Steuer-Prinzip gilt unter dem BEHG zunächst bis 2026 und kann als eine Art Einführungsphase gesehen werden. Im Jahr 2026 verändert sich der Mechanismus. Von nun an findet – wie auch im EU-ETS I und II – eine Vergabe von Zertifikaten mittels Auktion statt. Hier wird wie auch im EU-ETS I und II eine Reduktion der Emissionsmenge durch ein Cap eingeführt. Der Vorteil vom Cap ist, dass man durch den Reduktionsfaktor die Menge der Emissionen steuern kann und so theoretisch gut vorhersehen kann, wann die Emissionen auf null kommen, während bei einem Steuersystem ggf. noch viele Emissionen im System sind, solange eine Zahlungsbereitschaft für sehr hohe Preise besteht.

Um den Preis allerdings gerade in den ersten Jahren im Übergang von dem Steuer- in das Handelssystem kontrollieren zu können, hat der Gesetzgeber in Deutschland im Jahr 2026 einen Korridor festgelegt. Der Preis pro Tonne $CO_2$ muss sich demnach zwischen 55 und 65 € bewegen [5, 6]. Ab 2027 ist eine Überführung in das EU-ETS II vorgesehen (s. u.) [7, 8].

## 7.3 Adressatenkreis

Grundsätzlich unterliegen alle Brennstoffe, die auch nach dem Energiesteuergesetz (§ 1 Abs. 2 und 3 EnergieStG [9]) erfasst sind, dem BEHG (Anlage 1 BEHG). Alle fossilen Brennstoffemissionen sind gemäß dem BEHG gleichzeitig Teil des nationalen Emissionsbudgets. Die EU-Klimaschutzverordnung schreibt vor, dass dieses Budget Jahr für Jahr geringer werden soll, um die Dekarbonisierungsziele zu erreichen. Dem trägt das deutsche System Rechnung, in dem in der Zeit bis 2026 der $CO_2$-Preis jährlich angehoben wird und ab 2026 ein Cap eingeführt wird.

Neben der Tatsache, dass das nEHS fast identische Sektoren wie das EU-ETS II abdeckt, nämlich vornehmlich Gebäude und Verkehr, so besteht eine weitere Parallele zwischen beiden Systemen in dem Upstream-Ansatz. Dies deutet darauf hin, dass das nEHS perspektivisch in den EU-ETS II überführt werden soll, man aber schon vor 2027, dem bisher geplanten Start des EU-ETS II, ein wirksames $CO_2$-Bepreisungsinstrument in Deutschland einführen wollte.

Zur Erinnerung: Im EU-ETS I erfolgt die Zertifizierung direkt bei den Emittenten (Downstream-Ansatz). Dies ist aufgrund des geringeren Teilnehmerkreises einfach und effizient durchführbar.

Da es sehr aufwändig und ineffizient wäre, alle Emittent:innen im nEHS direkt zu erfassen, wie z. B. Bürger:innen die mit fossilen Brennstoffen heizen oder ihre Autos betanken, erfolgt für sie die Teilnahme am nEHS über die verantwortlichen Unternehmen, also die „Inverkehr-Bringer" der jeweiligen Energieprodukte. Im Fokus stehen also Unternehmen, die die Kraftstoffe in Umlauf bringen. Die Bepreisung wird durch eine leichte Verteuerung der Produkte ihrerseits an die Konsument:innen weitergereicht [10, 11]. Somit stellt der Upstream-Ansatz eine Vereinfachung dar, weil die Überwachung auf die verpflichtenden Unternehmen am nETS beschränkt wird, wodurch die Komplexität sinkt. Die Abb. 7.1 verdeutlicht diesen Zusammenhang:

Jedes betroffene Unternehmen unter dem BEHG hat einen Emissionsbericht zu erstellen. Dieser soll von einer Verifizierungsstelle geprüft und bei der zuständigen Behörde eingereicht werden. Die Behörde prüft, ob ausreichend Zertifikate vom jeweiligen Unternehmen beschafft wurden. Fehler können mit einer Geldbuße von bis zu 500.000 € geahndet werden. In bestimmten Fällen ist auch die Inanspruchnahme einer Härtefallregelung möglich, aufgrund der ein Unternehmen nicht am nationalen Emissionshandel teilnehmen muss §11 BEHG [22, 23]. Die Aufgabe der Prüfbehörde übernimmt wie auch schon beim EU-ETS I die deutsche Emissionshandelsstelle (DEHSt).

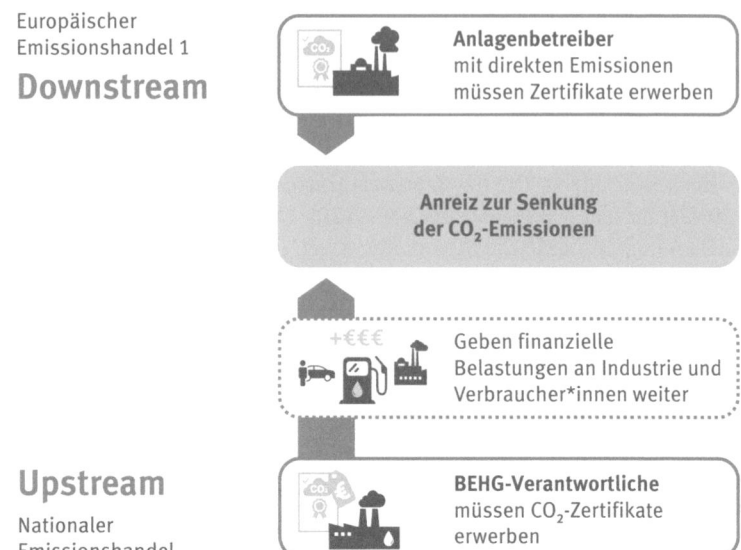

**Abb. 7.1** Regelungskonzepte des nationalen Emissionshandels. (Quelle: DEHSt (2024) [12], CC BY 4.0 – Creative Commons Lizenz)

Einige Unternehmen unterliegen sowohl dem nationalen wie auch dem europäischen Emissionshandel. Um eine Doppelbelastung zu vermeiden, werden diesen Unternehmen zusätzliche Zertifikate unter dem deutschen Emissionshandelssystem zur Verfügung gestellt.

## 7.4 Mittelverwendung

Die meisten Einnahmen des nETS fließen in den Klima- und Transformationsfonds (KTF) des Bundesfinanzministeriums. Bei dem Fonds handelt es sich um eine Weiterentwicklung des „Energie- und Klimafonds" (EKF) aus dem Jahr 2011, welcher 2022 zum Klima- und Transformationsfonds umgewidmet (KTF) wurde. Der Fonds verfolgt das Ziel der Umstellung der Energieversorgung, der Dekarbonisierung der Industrie, die Sanierung von Gebäuden, den Aufbau der Wasserstoffwirtschaft und Förderung der Verkehrswende [13].

Ein Teil der Mittel, welche in den Klima- und Transformationsfonds fließen, werden zur vollständigen Refinanzierung der in 2022 abgeschafften EEG-Umlage genutzt. Zur Erinnerung: Dies ist die Vergütung, die Betreiber:innen von geförderten erneuerbaren Energieanlagen für den Ausbau dieser Anlagen bezahlt wird. Für Deutschland könnten zwischen 2027 und 2032 bei einem durchschnittlichen $CO_2$-Preis von 150 € pro t Einnahmen von rund 180 Mrd. € generiert werden. Die Einnahmen des nETS reichten jedoch nicht aus, um sämtliche Projekte aus dem Klima- und Transformationsfonds zu finanzieren, weswegen ein Teil der Ausgaben über staatliche Kredite finanziert wird [13].

## 7.5 Übergang von nationalem Emissionshandel in den EU-ETS II ab 2027 oder später

Der Start des europäischen Emissionshandels EU-ETS II für Verkehr und Wärme (s. Kap. 5) könnte sich verzögern. Wie bereits erwähnt, ist der Beginn für 2027 geplant. Das Bundeswirtschaftsministerium bereitet sich jedoch auf eine mögliche Verschiebung vor. Sollte das EU-ETS II später starten, würden die $CO_2$-Zertifikate im nationalen Brennstoffemissionshandel 2027 wieder zu Festpreisen verkauft, die an den europäischen Emissionshandel (EU-ETS I) gekoppelt wären. Der $CO_2$-Preis im EU-ETS I liegt derzeit bei rund 70 € und könnte 2027 auf etwa 90 € pro Zertifikat steigen.

## Literatur

1. Edenhofer, O.; Flachsland, C.; Kalkuhl, M.; Knopf, B.; Pahle, M. (2019). Optionen für eine $CO_2$-Preisreform, Arbeitspapier, No. 04/2019, Sachverständigenrat zur Begutachtung der Gesamtwirtschaftlichen Entwicklung, Wiesbaden. Abgerufen am 22.08.2024 von https://www.econstor.eu/bitstream/10419/201374/1/167034682X.pdf
2. JURIS (2019). Brennstoffemissionshandelsgesetz vom 12. Dezember 2019 (BGBl. I S. 2728), das zuletzt durch Artikel 7 des Gesetzes vom 22. Dezember 2023 (BGBl. 2023 I Nr. 412) geändert worden ist. Abgerufen am 19.08.2024 von https://www.gesetze-im-internet.de/behg/BEHG.pdf
3. Linnemann, M (2024). Energiewirtschaft für (Quer-)Einsteiger. 2. Auflage. Springer Vieweg Verlag.
4. DEHSt (2023). Nationalen Emissionshandel verstehen. Abgerufen am 20.06.2024 von https://www.dehst.de/DE/Nationaler-Emissionshandel/nEHS-verstehen/nehs-verstehen_node.html
5. Linnemann, M (2024). Energiewirtschaft für (Quer-)Einsteiger. 2. Auflage. Springer Vieweg Verlag.
6. DEHSt (2023). Nationalen Emissionshandel verstehen. Abgerufen am 20.02.2024 von https://www.dehst.de/DE/Nationaler-Emissionshandel/nEHS-verstehen/nehs-verstehen_node.html

7. Linnemann, M (2024). Energiewirtschaft für (Quer-)Einsteiger. 2. Auflage. Springer Vieweg Verlag.
8. DEHSt (2023). Nationalen Emissionshandel verstehen. Abgerufen am 20.06.2024 von https://www.dehst.de/DE/Nationaler-Emissionshandel/nEHS-verstehen/nehs-verstehen_node.html
9. Juris (2024). Energiesteuergesetz vom 15. Juli 2006 (BGBl. I S. 1534; 2008 I S. 660, 1007), das zuletzt durch Artikel 3 des Gesetzes vom 27. März 2024 (BGBl. 2024 I Nr. 107) geändert worden ist. Abgerufen am 20.08.2024 von https://www.gesetze-im-internet.de/energiestg/EnergieStG.pdf
10. Linnemann, M (2024). Energiewirtschaft für (Quer-)Einsteiger. 2. Auflage. Springer Vieweg Verlag.
11. DEHSt (2023). Nationalen Emissionshandel verstehen. Abgerufen am 20.02.2024 von https://www.dehst.de/DE/Nationaler-Emissionshandel/nEHS-verstehen/nehs-verstehen_node.html
12. DEHSt (2024). Das nationale Emissionshandelssystem. Abgerufen am 19.06.2024 von https://www.dehst.de/SharedDocs/downloads/DE/publikationen/factsheets/factsheet_nEHS.pdf?__blob=publicationFile&v=4
13. Bundesfinanzministerium (2023). Klima- und Transformationsfond: In Klimaneutralität und Versorgungssicherheit investieren – Menschen und Betriebe entlasten. Abgerufen am 20.02.2024 von https://www.bundesfinanzministerium.de/Content/DE/Pressemitteilungen/Finanzpolitik/2022/07/2022-07-27-klima-und-transformationsfonds.html

# Ausblick & Fazit: 2038 ist morgen! 8

Ein erstes Fazit, das wir ziehen möchten, ist, dass das EU-ETS nicht *DAS* Instrument ist, um den Klimawandel zu stoppen. Dieses Buch soll aber zeigen, dass es *EIN* Instrument ist, das sowohl wirtschaftlich als auch klimapolitisch Wirkung zeigt.

Entstanden ist das EU-ETS in den frühen 2000er-Jahren, als die EU-Mitgliedstaaten erkannten, dass sie durch das Bündeln ihrer Ressourcen ihren Einfluss in multilateralen Klimaverhandlungen maximieren und Chancen bei der Gestaltung von Klimapolitik im Rahmen des Binnenmarktes schaffen konnten. Dafür brauchten sie die Akzeptanz der Industrie und des Energiesektors, deren Emissionen erstmals unter dem EU-ETS mit einem Preis versehen wurden. In den darauffolgenden zwei Jahrzehnten hat sich das EU ETS zum Schlüsselinstrument der Klimapolitik der EU entwickelt und wird voraussichtlich auch weiterhin eine zentrale Rolle auf dem Weg zur Klimaneutralität bis 2050 spielen. Die Neuausrichtung innerhalb des EU-Green Deals von 2023 hat das System erheblich gestärkt und ein zusätzliches eigenes ETS geschaffen, um den Transport- und den Gebäudesektor sowie kleinere industrielle Verbrennungsemissionen einzubeziehen. Darüber hinaus generiert das ETS erhebliche Einnahmen, die zur Verstärkung der Klimaschutzmaßnahmen, zur Bewältigung sozialer Herausforderungen und zur Förderung von Innovationen im Bereich $CO_2$-armer Technologien verwendet werden [1].

Wenn wir uns noch einmal zurück an den Beginn des Buches beamen, dann hat das EU-ETS einen klaren Beitrag geleistet, Verursacher:innen für ihre externen Kosten zur Verantwortung zu ziehen. Dies geschah schrittweise, teilweise in Trippelschritten und auch mal mit Rückschritten, aber mittlerweile mit eine deutlichen Lenkungswirkung. Daraus folgt eine zweite Schlussfolgerung: Ein Markt ist nur so gut wie seine Spielregeln. Einen wirklich „freien Markt" gibt es allenfalls in

Lehrbüchern beschrieben. In der Realität braucht jeder Markt einen regulatorischen Rahmen und für diesen gilt es, die vielfältigen Interessen der betroffenen Akteure auszugleichen. Hier geht es um politisches Fingerspitzengefühl, um Zielkonflikte auszugleichen, die sich etwa um Wettbewerbsfähigkeit, Innovationskraft, Klimaschutzambitionen usw. in dem Spannungsverhältnis zwischen betriebswirtschaftlichen Einzelinteressen und volkswirtschaftlichen Gesamtinteressen bewegen. Daher ist Jos Delbeke recht zu geben, wenn er meint, dass es politisches Gespür und eben diese „Kapriolen" brauche, teilweise ein „learning by doing", um das heutige ETS zu etablieren. Im Ergebnis schaffe das EU-ETS grenzüberschreitend einen Business Case für die Reduzierung von Emissionen zu den niedrigsten Kosten [2]. Es ist unwahrscheinlich, dass 27 einzelne Regierungen zu ähnlichen Ergebnissen kommen würden, wenn es kein EU-weites Instrument gäbe. Durch die Lenkungswirkung löst das EU-ETS $CO_2$-arme Innovationen aus und belohnt sie. Durch die Einnahmen ermöglicht es das EU-ETS den Mitgliedstaaten schließlich, Regionen und verschiedene gesellschaftliche Gruppen bei ihrem Dekarbonisierungspfad zu unterstützen.

Reicht das? Zum Stand des Verfassens des Buches steht der Preis an der Europäischen Strombörse EEX für eine EUA bei etwa 70 € pro t $CO_2$ [3]. Zur Erinnerung: am 21.02.2023 hat der Preis erstmals die Marke von 100 € pro t überstiegen [4]. Demgegenüber stellt das Umweltbundesamt (UBA) auf Grundlage einer wissenschaftlichen sog. Methodenkonvention jährlich eine Berechnung an, wie hoch der Preis für eine Tonne emittiertes Treibhausgas wäre, wenn man die externen Kosten (s. Kap. 2) decken wollen würde. Für die im Jahr 2023 emittierten Emissionen kommt das UBA dementsprechend auf einen Kostensatz von 250 € pro t $CO_2$ für Deutschland. Wenn man hier die klimawandelverursachenden Wohlfahrtseinbußen heutiger und zukünftiger Generationen noch mit einbezieht, ergibt sich ein Kostensatz von 860 € pro t $CO_2$ [5]**.** Diese Sätze mögen von Mitgliedstaat zu Mitgliedstaat variieren, sie zeigen jedoch, dass nach wie vor die Steuerzahler:innen und das Sozialsystem einen hohen Teil der externen Kosten für den Klimawandel, Gesundheit, Umweltbelastungen und Biodiversitätsverlust tragen.

Fazit Nummer drei: Es liegt noch viel Anstrengung vor uns, um die für 2030, 2040 und 2050 gesteckten Ziele zu erreichen, wie auch die Abb. 8.1 verdeutlicht:

Wenn man sich den Stand zur Erreichung der Gesamt-Klimaziele der EU ansieht, die das EU-ETS I und II, die LVV und den LULUCF-Sektor und weitere zusammenfasst, dann ist deutlich erkennbar, dass die Reduktion der Treibhausgasemissionen hauptsächlich in den letzten zwei Jahrzehnten stattgefunden hat. Damit einher geht die schrittweise Verstärkung der politischen Maßnahmen zur Verringerung der Treibhausgas-Emissionen, wie wir unter anderem am Beispiel des EU-ETS exemplarisch festmachen konnten. Der Gesamtrückgang kann bisher größ-

# 8 Ausblick & Fazit: 2038 ist morgen!

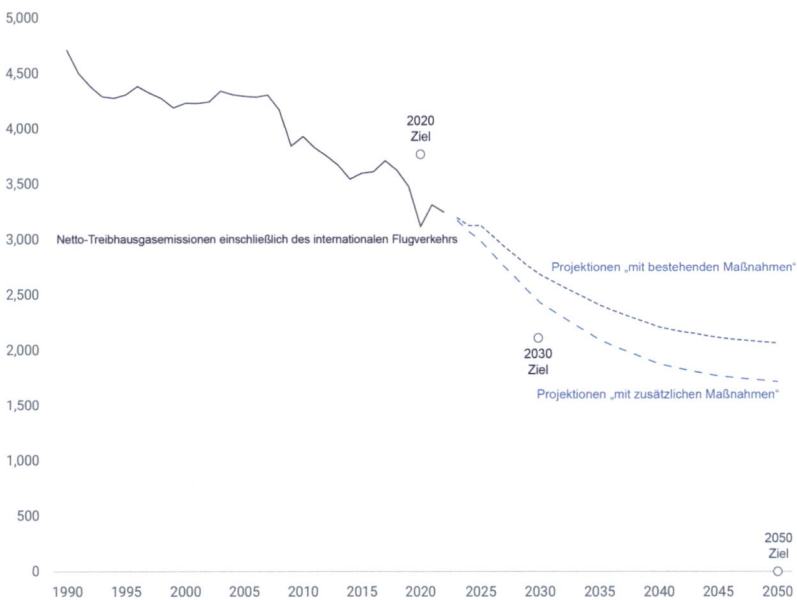

**Abb. 8.1** Stand und Ausblick zum Erreichen der Gesamt-Klimaziele der EU-27. (Quelle: Europäische Umweltagentur (2023) [6], CC BY 4.0 – Creative Commons Lizenz)

tenteils auf die Verschiebungen bei den Energieerzeugungsmethoden zurückgeführt werden, insbesondere auf einen deutlichen Rückgang der Kohlenutzung und die zunehmende Nutzung erneuerbarer Energiequellen. Darüber hinaus gab es einen bescheidenen Rückgang des Gesamtenergieverbrauchs und eine erhebliche Verringerung der $CO_2$-Emissionen im Zusammenhang mit bestimmten industriellen Produktionsprozessen. Dies war der Anfang, wie geht es nun weiter, wenn wir in die Sektoren und Prozesse kommen, die zunehmend schwieriger dekarbonisiert werden können?

Fazit Nummer vier lautet: Die Verschärfung des Caps und die Reduktion der überschüssigen Zertifikate um gut die Hälfte haben seitens des EU-ETS I einen positiven Beitrag zur $CO_2$-Reduktion geleistet. Ein Blick auf die letzten 15 Jahre des Emissionshandels zeigt ein klares Bild: Der große Überschuss an Emissionszertifikaten (EUA) aus der zweiten und frühen dritten Handelsperiode wurde in den vergangenen Jahren sukzessive abgebaut. Dieser Abbau gelang vor allem durch die Kürzung der Auktionsmengen. In den Jahren 2014–2016 wurde dies durch das sogenannte Backloading erreicht, seit 2019 sorgt die Marktstabilitätsreserve (MSR) kontinuierlich für eine weitere Reduzierung. Damit sollte das Vertrauen in die Lenkungsfunktion des EU-ETS I (wieder-)hergestellt werden. Dennoch bleibt kritisch zu bemerken, dass die kostenlose Vergabe von Zertifikaten in einigen Industriesektoren dazu geführt hat, dass sie durch den Verkauf überschüssiger Zertifikate, die ihnen über lange Zeiträume kostenlos zugeteilt wurden, mehr Umsatz generierten als mit dem Verkauf ihrer Produkte selbst. Dies stellt die Klimawirkung des Instruments in diesem Fall infrage. Damit klingt ein Aspekt an, der nicht zu vernachlässigen ist: Die $CO_2$-Zertifikate sind zu einem Spekulationsobjekt geworden, denn Broker haben sie schnell entdeckt und daraus lukrative Finanzmarktprodukte entwickelt, deren Klimawirkung fraglich ist.

Da die Obergrenze also das Cap im EU-ETS I wie bisher geplant im Jahr 2038 auf null sinkt [7], ist unklar, wie der Markt reagieren wird. Wenn man dieses Szenario einmal durchdenkt, bedeutet dies, dass ab 2038 keine neuen Zertifikate mehr ausgegeben werden und nur die noch „gebunkerten" Zertifikate zur Verfügung stehen. Im ETS-2 werden die letzten Zertifikate 2042 ausgegeben. Vermutlich wird es zu einem starken Preisanstieg kommen, wenn nur wenige Zertifikate zur Verfügung stehen, um noch vorhandene Emissionen abzudecken. Das könnte die Regierungen unter erheblichen Druck setzen, die Emissionsobergrenze aufweichen, um die Preise nicht zu stark ansteigen zu lassen. Gleichzeitig würde dies die Glaubwürdigkeit einer verlässlichen Klimapolitik zum Erreichen des Pariser Klimaabkommens infrage stellen.

Wie effektiv ist nun das EU-ETS? Als Fazit Nummer fünf möchte die Autorin zu einem Gedankenspiel einladen. Wie wäre es wohl gewesen, wenn statt EU-ETS eine $CO_2$-Steuer eingeführt worden wäre? Ähnlich wie im BEHG hätte der Steuersatz bei knapp null starten können und dann in vorher festgelegten Intervallen erhöht werden können. Das hätte zu einer Investitionsklarheit geführt, weil bereits Jahre vor einer geplanten Investition die $CO_2$-Preise mit eingerechnet werden könnten. In Krisenzeiten hätte man eine Steuererhöhung aussetzen können, auch das zeigt das BEHG. Die These der Autorin lautet, dass eine Steuer weitaus weniger bürokratisch organisierbar wäre, dass die von der Wirtschaft geforderte Investitionsklarheit im Sinne von Vorhersehbarkeit besser abbildbar ist als bei einem volatilen Emissionshandelssystem und die Einnahmen ebenfalls besser planbar sind – zumal in klammen Haushaltslagen.

Die Einführung der CBAM und die bevorstehende Abschaffung der kostenlosen Zuteilung von Zertifikaten führen den Autoren wiederum zu Fazit Nummer sechs. Auch wenn der Autor die Idee des Grenzsteuermechanismus durchaus attraktiv findet, hat er Bedenken hinsichtlich des Fehlens von Exportbestimmungen, die die EU-Industrie am Ende dieses Jahrzehnts und zu Beginn des nächsten Jahrzehnts als nicht wettbewerbsfähig erscheinen lassen könnten [8]. Außerdem fragt er sich, ob nicht der EU-Markt dadurch gemieden werden wird, bzw. fürchtet eine Schwächung des Exportmarktes, wenn man in ein Land exportieren möchte, das bisher keine $CO_2$-Auflagen hat.

Und wie geht es weiter? Wenn wir uns zu Beginn des Buches zurückgebeamt haben in das Jahr 2005, also in die Anfänge des EU-ETS I, dann laden wir Sie ein, sich nun in das Jahr 2040 zu versetzen. Welche Sektoren unter dem EU-ETS I sind dann wohl schon fast dekarbonisiert? Wie gehen wir mit den noch zirkulierenden Zertifikaten um, wie mit den schwer vermeidbaren Emissionen? Wie wird sich das EU-ETS II entwickeln? Welche Rolle wird $CO_2$-Entnahme spielen? Wird es ein EU-ETS für den Agrarbereich [9] oder für weitere Sektoren geben, wie zurzeit diskutiert wird? Wird es eine $CO_2$-Zentralbank [10] geben als Weiterentwicklung des EU-ETS? Dieses Buch soll einen kleinen Einblick und Diskussionsgrundlage bieten. Es sollte deutlich geworden sein, dass zum Erreichen des Netto-Null-Zieles 2050 ganz erhebliche Transformationsschritte erforderlich sind, die durch politische Instrumente und deren schrittweise Anpassung vorangetrieben werden. Das EU-ETS I hat durch seine Lenkungsfunktion in der Preisgestaltung z. B. maßgeblich zur Energiewende und zur Integration erneuerbarer Energien bzw. der Stilllegung von $CO_2$-intensiven Energieträgern wie Kohle beigetragen. Parallel sind massive technische Transformationsschritte nötig, um den Umbau von einem ehemals zentralistischen Energiesystem mit steuerbarer Erzeugungsleistung auf ein jetzt dezentrales Energiesystem mit volatilen Erzeugungsstrukturen zu managen. Die Einnahmen aus dem Emissionshandel können dazu einen Beitrag leisten, um soziale Härtefälle abzufedern und Investitionsschübe in innovative klimafreundliche Technologien zu ermöglichen. Wenn wir also 2040 zurückschauen, was werden wir sehen? Wie schauen wir auf 2050? Wie mag es sich anfühlen, in einer Net-Zero-Welt zu leben? Das ist nun an Ihnen zu ergründen.

## Literatur

1. Meadows, D.; Quinn, M.; Yordi, B (2024). „The EU Emissions Trading System." In: Delbeke, J. (Ed.) (2024). Delivering a Climate Neutral Europe. Abgerufen am 20.08.2024 von https://www.taylorfrancis.com/books/oa-edit/10.4324/9781003493730/delivering-climate-neutral-europe-jos-delbeke?context=ubx&refId=acec2226-c436-4974-b519-f52d72e9f86d
2. Delbeke, J. (Ed.) (2024). Delivering a Climate Neutral Europe. Abgerufen am 20.08.2024 von https://www.taylorfrancis.com/books/oa-edit/10.4324/9781003493730/delivering-climate-neutral-europe-jos-delbeke?context=ubx&refId=acec2226-c436-4974-b519-f52d72e9f86d

3. EEX (2024). EEX EUA SPOT. Abgerufen am 28.08.2024 von https://www.eex.com/en/market-data/environmentals/spot
4. Financial Times (2023). EU carbon price tops €100 a tonne for first time. Abgerufen am 15.07.2024 von https://www.ft.com/content/7a0dd553-fa5b-4a58-81d1-e500f8ce3d2a
5. Umweltbundesamt (2024). Gesellschaftliche Kosten von Umweltbelastungen. Abgerufen am 25.07.2024 von https://www.umweltbundesamt.de/daten/umwelt-wirtschaft/gesellschaftliche-kosten-von-umweltbelastungen#gesamtwirtschaftliche-bedeutung-der-umweltkosten
6. Europäische Umweltagentur (2023): Total net greenhouse gas emission trends and projections in Europe. Abgerufen am 10.08.2024 von https://www.eea.europa.eu/en/analysis/indicators/total-greenhouse-gas-emission-trends
7. Packroff, Jonathan (2024) „Experten: $CO_2$-Zertifikate für Industrie und Strom bis 2039 aufgebraucht." In: Euractiv. Abgerufen am 04.07.2024 von https://www.euractiv.de/section/finanzen-und-wirtschaft/news/experten-co2-zertifikate-fuer-industrie-und-strom-bis-2039-aufgebraucht/
8. Marcu, A.; Coker, E.; Bourcier, F. et.al (2024). 2024 State of the EU ETS Report. Abgerufen am 15.07.2024 von https://ercst.org/2024-state-of-the-eu-ets-report/
9. Ramón Hernández, M. (2024). Does the EU need an Emissions Trading System for agriculture? Abgerufen am 05.07.2024 von https://carbonmarketwatch.org/2024/07/04/does-the-eu-need-an-emissions-trading-system-for-agriculture/
10. Kurmayer, N. (2024). „Führender EU-Abgeordneter fordert CO2-‚Zentralbank' für Europa." in: Euractiv. Abgerufen am 04.07.2024 von https://www.euractiv.de/section/energie-und-umwelt/interview/fuehrender-eu-abgeordneter-fordert-co2-zentralbank-fuer-europa/?_ga=2.151014841.1889549506.1720024590-494324812.1720024590

 springer-vieweg.de

Marcel Linnemann
Julia Peltzer

# Wasserstoffwirtschaft kompakt

Klimaschutz, Regulatorik und Perspektiven für die Energiewirtschaft

Springer Vieweg

**Jetzt bestellen:**
link.springer.com/978-3-658-39028-0

MIX
Papier aus verantwortungsvollen Quellen
Paper from responsible sources
FSC® C105338

If you have any concerns about our products,
you can contact us on
**ProductSafety@springernature.com**

In case Publisher is established outside the EU,
the EU authorized representative is:
**Springer Nature Customer Service Center GmbH
Europaplatz 3, 69115 Heidelberg, Germany**

Printed by Libri Plureos GmbH
in Hamburg, Germany